最軽量のマネジメント

未來團隊最需要的輕量化管理

對上有交代、對下能放手，
將一切/透/明/化/的減壓工作模式

山田理　著
劉淳　譯

高寶書版集團

別再讓主管背負一切

最輕量管理

Cybozu 公司大事紀

2000年　Cybozu於東京證券交易所Mothers（Market of the high-growth and emerging stocks）上市（2006年獲指定為東証第一部市場）

2005年　✓離職率升高至28%

2006年　啟用「育兒、照護休假制」（育嬰假最長6年）

2007年　啟用「選擇型人事制度」（以時間軸將工作方式分成2種）

2010年　啟用「在宅工作制度」（遠距工作）

2012年　准許員工從事副業

2013年　啟用「選擇型人事制度」（以時間與地點將工作方式分成9種）

2014年

啟用「複業徵人」（對外徵求將Cybozu當成複【副】業的員工）

✓離職率下降至4%

2016年

◎國會開始「工作方式改革實現會議」

於公司網站刊登「工作方式改革為何一點都不開心？」特輯

2017年

2018年

啟用「工作方式宣言制度」（完全自由記述式工作方式）

2019年

◎國會開始施行「工作方式改革關聯法」

近年日本政府提倡工作方式改革
Cybozu 在很久很久以前
便開始挑戰

改變舊有的工作方式

只有形式的工作方式改革，
最吃虧的是
夾在「上」「下」之間的**中階主管**

當下屬問「改革的目標到底是什麼」
當上司說「把改革做好是你的責任」

中階主管必須揣摩上司想法，說服下屬，還得同時達到個人工作績效

別再讓中階主管背負一切

「應該這樣管理」
「這種主管才是理想主管」
「主管必須是整個團隊最有能力的人嗎？」
本書的目的是
讓主管從過度的期待與責任中解脫

目錄
contents

前言／如何才能減少主管的工作？

Chapter 1／六種需被放棄的管理觀念

目錄
contents

Chapter 2／離職率由28％降至4％的過程

Chapter 3／不了解大家在想什麼，才更應該「閒聊」

目錄
contents

Chapter 4／最輕量管理只有一個原則：徹底公開資訊

Chapter 5／大部分的問題都能用「說明責任」與「提問責任」解決

目錄
contents

日本政府在二〇一六年開始提倡工作方式改革。

不過，Cybozu早在許久許久之前的二〇〇五年就開始自主嘗試改變工作方式。在這段期間內，Cybozu一直持續不斷反省與實驗。

約二十年前，我跳槽到當時還是新創公司，員工只有十幾名的Cybozu。不到一年Cybozu就掛牌上市。但當時公司採用成果至上主義，管理制度因此崩潰，二〇〇五年時，員工離職率一度高達28%。

當時，我對社長青野說：「讓我們再一次把它變成好公司。」

之後，我以副社長與管理部門負責人的身分，以一個主管的身分，致力於實現「一百個人能有一百種工作方式」的理想。

現在的Cybozu不只是單純的群組軟體（groupware）公司，也是公認的工作方式改革領導企業。不過，我能夠抬頭挺胸說出來的，只有一句話：

「管理真的非常困難。」

也就是說，我無法成為大眾口中的「理想主管」。

因此，本書並不是教導讀者「Cybozu風格管理方法一百招」的教科書，而是我在經營公司的過程中，在創造團隊（本書會將所有的組織都稱為團隊）時發現的幾個事實。

- 「這麼做行不通」的困難點
- 「乾脆放棄」的理想主管模範
- 最後「剩下來的」才是主管真正的工作

也就是說，我想傳達給各位的是「輕量化管理」。

這就是我寫這本書真正的理由。以極端的論點來說，Cybozu的想法是「不需要管理的組織最為理想」。我想讓大家看到的不是「以後的主管該怎麼做」這種重擔，而是「如何減少主管的工作」這樣的輕巧思維。

這本書的目標是讓主管從過度的期待與責任中解脫。

前言／如何才能減少主管的工作？

我們真的需要主管嗎？

每個公司都有「主管」，這是很理所當然的事。雖然不知道擔任主管的人數究竟有多少，但應該比董事長加上董事要多上許多。

組長、課長、主任、幹部、負責人……職場上的主管有各種不同的職稱。談到企業的經營策略，一定包括「儲備主管」。這代表對公司而言，主管扮演的角色非常重要。

從前的 Cybozu 也不例外，對於主管人選與錄用、培育，我們也有過許多煩惱。不過，接下來我想跟各位分享一個想法：我們為什麼需要主管？或者該說，我們真的需要主管嗎？

在「多元」陰影下產生的「代溝」

八〇年代泡沫經濟時期，是世界公認的「日本第一」（Japan is Number One）時代。

市面上貨品充沛，股票與土地價格上漲、薪資也增加，相較之下，名牌商品變得平易近人，年輕人在迪斯可徹夜狂歡跳舞。目前在大企業經營決策圈中，負責人與董事就是在這樣的時代背景下出生與成長，而這樣的瘋狂也只是曇花一現，泡沫很快就破裂了。

景氣降至谷底時，人們思考的不是「怎麼做才能活下去」，而是「如何生活才能幸福」。賺很多錢、擁有大量物質就是幸福，這樣的昭和[1]式幻想徹底崩

1　日本的昭和時代從一九二六年十二月二十五日到一九八九年一月七日，歷經帝國主義、二戰蕭條與經濟起飛。

潰。重視生活風格，講究生活與工作平衡的理想就此誕生。

到了現代，隨著網路與智慧型手機的普及，理想已經成為現實。人們的溝通能不受限於地點輕鬆進行，「自由決定工作地點與時間」的價值觀也隨之誕生，個人的理想越來越多元。

同時，能夠靈活運用網路與智慧型手機的世代與「上一個世代」之間產生了龐大的溝通成本，價值觀的代溝也成為無法忽視的現實。

二〇一五年，一項國際性調查出現了十分有趣的結果。

根據ISSP（國際社會調查計畫）對三十七個國家的調查，在「認為自己在職場上跟同事關係良好」這一項，日本是最後一名。常有人說德國人與日本人氣質相近，但德國在這一項獲得93．4％，排在第二名，日本則只有69．9％。

而且，在二〇〇五年的調查中，日本的結果是81．5％，與十年前相比大幅退步。也就是說，這項調查顯示，日本的組織型態跟不上這個多元時代，這是事實。

那麼，造成這種現象的原因是什麼呢？

國際社會調查計畫
「認為自己在職場上跟同事關係良好度」調查

1	喬治亞	93.7%
2	德國	93.4%
3	瑞士	93.0%
4	挪威	92.5%
5	奧地利	91.9%
6	冰島	91.7%
7	英國	91.4%
8	西班牙 南非	90.4%
10	台灣	90.1%
11	委內瑞拉	89.9%
12	瑞典	89.7%
13	拉脫維亞	89.6%
14	紐西蘭	89.0%
15	紐西蘭	87.8%
16	丹麥	87.5%
17	芬蘭	87.3%
18	比利時	85.8%
19	墨西哥	85.4%
20	澳洲	85.3%
21	蘇利南	84.8%
22	愛沙尼亞	84.7%
23	斯洛伐克	83.5%
24	克羅埃西亞 智利	82.6%
26	斯洛維尼亞	82.0%
27	匈牙利	81.0%
28	美國	80.0%
29	立陶宛	79.2%
30	捷克	79.1%
31	印度	79.0%
32	印度	78.6%
33	中國	78.5%
34	法國	78.2%
35	波蘭	78.0%
36	俄羅斯	75.1%
37	日本	69.9%

形似賽程表的組織圖是「收集資訊用的架構」

至今為止，關於公司的一般常識，是在明治、大正、昭和[2]等「網路時代以前」的年代形成的。這些年代與現代最大的差異，是資訊的價值。

過去，想要收集「資訊」，基本上就必須與人見面。分享資訊也必須面對面。也就是說，收集與傳達資訊需要花費地點與時間成本。因此，一個團隊必須盡量在同一時間、同一地點聚集在一起。相信各位在剛進公司時也被教育過無數次「報告、聯絡、商量」的重要性。

員工把資訊傳達給組長，組長把資訊傳達給課長，課長把資訊傳達給部長，

2 明治時期是西元一八六八年到一九一二年，大正時期是一九一二到一九二六年。

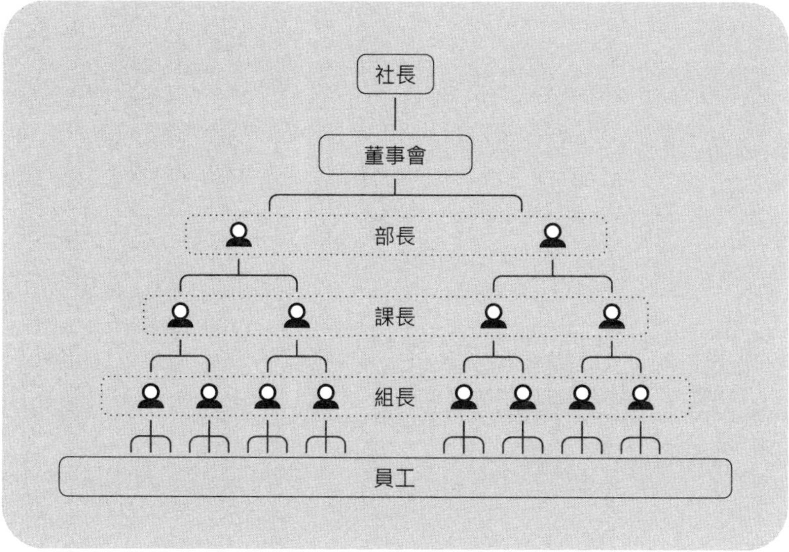

部長報告給董事，董事再告知董事長……資訊的流通就像傳話遊戲一樣，各個部門把資訊蒐集起來，集中到董事長與決策圈，再由高層判斷要分享哪些資訊。

仔細看看，上圖這張長得像賽程表的組織圖，其實是「高效率收集資訊的組織」。因此，中間位置才配置了相當於「集線器」的主管，負責收集資訊。

主管最重要的工作，是管理團隊。

所謂的管理，就是根據「報告、聯絡、商量」收集下屬提供的資訊，或是基於上級提供的資訊做出決策。這時，主管當然擁有下屬不知道的資訊，除此之外，還擁有之前培育出來的經驗與知識。因此主管才能做出下屬做不到的決策。

高層為什麼不一次把話說清楚？

你有沒有這樣的經驗？課長或部長在傳達資訊時，都是「一次只講一點點」。

高層不會一次把所有的事說清楚。即使詢問理由，主管們也只會顧左右而言他。

仔細思考箇中緣由，會發現這是因為把所有的資訊公開之後，「上司跟下屬就會變成同一個階層」。也就是說，刻意製造出資訊落差是一種很重要的手段。

或許你會覺得這樣的手段很愚蠢。不過，想想時代背景，就會發現「這是很正常的」。

我出生成長於昭和年代，在還沒有網路的時代就踏入社會了。當時當然也沒有行動電話，外出時唯一的聯絡方法就是公用電話。電話上堆著成堆的十元硬幣，後來只不過是從硬幣變成電話卡，我就覺得「變得好方便」。想聯繫女朋友，就必須打電話到她家，還得先突破她爸爸「你是哪根蔥」的質疑，否則就連話也說不上。當我在公司就職，搬到單身宿舍後，也只有餐廳裡的一台電話機。新人們得輪流看著電話，有電話打來就要接，還得用室內廣播把前輩叫來聽電話。

在這樣的時代，或更古早的年代的常識下誕生的組織，就是「公司」。在當時的環境下，為了得到資訊必須付出成本，因此擁有資訊的人就擁有權限。反過來說，資訊落差是一種製造權威與金錢的手段。過去就是這樣的時代。

網路破壞了「組織階層」

不過，網路出現以後，資訊的成本瞬間下滑，暴跌的程度遠超過泡沫經濟破裂時的股價下跌。IT的力量，讓資訊落差幾乎完全消失了。

所有的資訊都會在一瞬間傳遍全世界。每個人都能輕易發出並分享訊息。上司與下屬都能在一秒內接觸到同樣的資訊。

Cybozu所提供的群組軟體，也是為了實現這樣的環境而誕生的。如此一來，「只有我知道這個資訊」所帶來的權威就沒有任何用處。即使再怎麼努力隱瞞，資訊也會洩漏出去。

在這種情況下，還要用過去的方式——也就是「只有我才知道這件事，我是老大」、「這是老大做的決定，其他人都別抱怨，快做事」來進行決策與團隊管理，是非常困難的。

因為大家都已經知道了你擁有的資訊，如果只有年齡大了幾歲，決策能力不會有明顯的提升。只要擁有相同的資訊，年輕的團隊成員也能做出同樣品質的決策。若在自己擅長的領域內，年輕人還能提出比別人更好的提議，這是很平常的事。

在工作方式改革中最吃虧的是中階主管

在工作方式多元化，以及世代間產生代溝的背景下，誰是最吃虧的角色？夾在中間的中階主管。高層會對主管們做出無理的要求，例如：「我們公司要改革工作方式」、「要彈性工作」、「減少加班時數」、「提高員工的滿意度」……

問題是，該怎麼做才能達到這些目標？主管沒有創造或改變公司規章的權限，這是最令人痛苦的一點。

昭和時代的「高層」，其實根本沒有人知道具體的方法，唯一的指示只有「不要造成問題，好好做」。然而，公司的業績目標卻沒有改變，團隊成員的成果目標也沒有下修。業務效率要好，還要維持員工的士氣，除此之外，主管也有自己要達成的目標……

「怎麼可能做得到啊！」

如果做得到，以前早就做了。況且，在這種兩難困境下，必須面對下屬反彈的也是中階主管。下屬會質疑「做不到」、「我該怎麼做」、「工作方式改革的目的到底是什麼」。即使去找高層商量，也只會再次得到「好好達到目標就是你的工作」這種無理的要求。

維持下屬士氣之前，自己的士氣就快撐不住了。甚至是要保持正常的精神狀態都很困難。

過去的組織經營方法，都是現在的大企業脫離創業初期的新創經營後，在一路成長的過程中根據其成功經驗打造出來的。因此，遵行這套方法拚命努力，被視為一種美德。

公司以終身僱用為代價，換取員工的忠誠。公司會詢問員工能否二十四小時工作，即使孩子出生或買了房子，只要一張人事調動令，就得調到任何地方。訴苦只會被斥責「沒用」，跟不上的人就被發配邊疆，從此只能做沒什麼意義的工作……

在這種時代背景中掙扎求生並從中學習工作的世代，與網路世代以後才出生成長的世代，夾在這兩者之間的人，需要過去無人經歷過的高超管理技能。這就是現在的中階主管。

主管必須汲取「高層」指令下的真正意圖，說服「下屬」接受，給予引導、教育、訓練。閱讀商務書籍，獲取需要的技能。自主參加讀書會，同時還要維持個人的工作成果。

如果有人在這種狀況下還能做得很好，那就是奇蹟或「撿到寶」。不過，我相信各位就是在這樣的狀況下，依然保有「要做就要當個好主管」的強烈責任感，努力擔起被迫承受的職責。

讓我們先來看看各位平常肩負了哪些責任和職務。根據每個公司的規模與組織會有些許差異，一般來說中階主管的工作大致分為兩種。

第一種是專案管理，另一種則是人才管理。大部分的中階主管都是同時承擔這兩種責任。

專案管理包括決定目標、決策、管理進度、管理預算等等。人才管理則包括人才養成與錄用、管理團隊成員士氣、打考績等等。再加上中階主管的報告與調整工作，其實很多人都是球員兼教練。

如果有人能扮演上述所有的角色，還能負起所有責任，我想這個人應該現在立刻就辭職，獨立創業，一定能比現在賺更多錢。若是各位看完覺得「其實我沒有掌握自己所有的責任範圍」、「管理根本不順利，沒辦法每一樣都做到均衡」，才是比較誠實的反應。

說起來，為何這些責任都集中在主管身上，這一點才是問題所在。難道這些工作都必須由一位主管獨自承擔嗎？

我們希望主管應該是誰都能擔任的職務，希望能分散過度集中的管理工作與責任，甚至「讓它們消失」。

Cybozu 一路走來，便是致力於將「主管」角色大眾化，而不是將它當成具有高度稀有價值的重要地位。

放棄讓人管理人

Cybozu是提供群組軟體的公司。所謂的群組軟體，是能夠在網路上輕鬆共享組織內部溝通的資訊，例如排程表、客戶資訊、郵件，以及企劃書、Excel檔等所有資訊的工具。

也就是說，群組軟體可以幫助我們達到更理想的團隊合作。因此，Cybozu的企業理念有一條就是「創造充分團隊合作的社會」。

我們認為理想的團隊合作，是「對企業理念有所共鳴的團隊成員聚集在一起，尊重彼此的個性，公開討論並做出決議，獨立的每個人各自努力、相互幫助，發揮最大限度的能力」。

尊重彼此的個性，指的是尊重方便彼此工作的環境。那麼，Cybozu應該自己先做到這點。

因此，Cybozu 以「一百個人有一百種工作方式」為口號，落實了各種不同的工作方式。

- 育嬰假最長可請六年
- 進修休假制度：三十五歲以下員工辭職後六年內可以回任
- 複（副）業自由：若副業與公司業務無關，則不須取得公司允許也不須告知
- 複業徵人：徵求把 Cybozu 工作當成複（副）業的人才
- 工作方式宣言制度：何時工作、在哪裡工作、工時多長，都由個人自由提出

Cybozu 將副業稱為「複業」。過去的副業多半是指為了得到另一分收入的「次要」工作，但 Cybozu 認為「複業」是累積符合自身特色與經歷的「並行」工

作。

此外，Cybozu的工作方式已經不再是選擇制。而是「自由寫下並說出你的理想工作方式，包括想在何時工作、在哪裡工作、工時多長」。

有人想在家早上七點開始工作，也有人平常住在其他城鎮，一週兩天遠距工作，還有人九點會上班，但中途會因為複業先離開，傍晚才回來繼續工作。真的是「一百個人有一百種工作方式」。

在這種狀況下，根本就無法管理。其實，早在以「一百個人有一百種工作方式」為目標時，Cybozu就已經放棄管理員工。

當然，在此之後，Cybozu對主管的期待也有所轉變。

主管不必完美，也不需要「理想的主管形象」

那麼，以員工幸福為第一的主管，該是什麼樣子呢？很抱歉，雖然說出這句話的是我，但我們應該先放棄這個想法。

「應該用這種管理」、「這樣的主管才理想」、「有這種經驗的人比較適合」……追尋從未見過的「理想形象」，製作核對表，列出架構，找尋「可以重現的」方法……這種做法已經不適用了。因為，我們的團隊有一群「每個人都有自己的個性與價值觀，一百個人就有一百種類型」的成員。

大家都討厭被管理，但一旦成為主管，就會試圖管理下屬，這是為什麼呢？

十幾年前的我也是這樣，犯下了許多錯誤。

在此，我要先釐清一件事。「主管完全掌握、管理團隊成員」是不可能做到的。

現代的主管原本就已經陷入「因為工作方式改革，必須讓下屬早點回家，工作必須由主管扛起來」、「下屬的工作方式多元化，管理業務因此更加困難」等困境。

請先放輕鬆，試著先從「放下」開始。

主管不需要做到每一件事。也不需要完美。追求完美只會讓自己痛苦，周遭的人也會跟著痛苦。

在辭典裡查詢「放下」，會發現它的定義有一條是「看清現實，觀察並統整，釐清真相」。也就是說，當你感到困難時，一定有哪裡隱藏著問題。不找出問題，光是嘗試用毅力來克服，是很沒道理的。

那麼，我們該怎麼辦呢？

感到困難時，就代表有問題

⬅

先找出問題

⬅

找出問題後，主管的工作負擔就會減輕

這種觀點，正是本書想告訴各位的「輕量化管理」。

在「前言」的最後，我想介紹本書的章節架構。

在第一章「Cybozu 放棄的六種管理理想」，揭露了 Cybozu 在實現「一百個人有一百種工作方式」的路上放棄的陳舊理想。

希望各位能先讀這一章，將身上背負的重擔輕輕放下。

接著，第二章是「離職率由28％降至4％的過程」，這一章講述了 Cybozu 跌跌撞撞的時期。

雖然我在 Cybozu 有一些實務經驗，但並非一切都很順利，因此很難定論什麼才是正確的。因為我跟各位是不同的人，Cybozu 跟各位的公司也是不同的企業。

不過，我可以和各位分享那些不成功的策略。希望各位別參考不知道能否套用的成功案例，而是看看失敗的例子，再想像未來。

接著，第三章、第四章、第五章分別是：

- 不了解大家在想什麼，才更應該「閒聊」
- 最輕量管理只有一個原則：「徹底公開資訊」
- 大部分的問題都能用「說明責任」與「提問責任」解決

這三章將會分享實際案例，說明如何減少主管的工作，讓團隊擁有多元工作方式，以及如何讓兩者能同時成立。

最後，我還會分享在矽谷的所見所聞，包括公司這種組織未來的走向，提供各位參考「公司不存在後，人要如何工作」。

市面上本來就有許多將營業額、獲利與成果列為第一要務的組織主管教科書。不過，關於將團隊成員多元化、方便工作等團隊幸福放在第一的組織管理，我們還沒有足夠的「實驗結果」。工作方式改革後，許多主管被不合理的要求兩面夾擊，束手無策。希望本書這樣的「報告書」能成為這些主管的指南針，就像迷路時抬頭仰望夜空看到的北極星。

Chapter 1／六種需被放棄的管理觀念

從放棄過時的理想開始

網路時代之前與之後，人們的價值觀與工作方式都有所改變。然而，「理想主管」與「理想組織」形象卻沒有變化。

為了實現輕量化管理，必須先從放棄這種過時的理想開始。Cybozu 放棄了六種觀念，同時追求主管與組織的無限輕盈。

①主管不是「地位」而是「職務」
②需要的不是「技能」，而是將資訊公開的「決心」
③你不需要「變成神」，只要知道「誰擅長什麼」
④組織圖必須從「金字塔型」轉變成「營火型」

⑤不要求「100％的忠誠度」，而是接受「100種不同的距離感」

⑥比起「良心企業」，不如把目標定為「透明企業」

接下來，讓我們按照順序一一檢視這些重點。

①主管不是「地位」而是「職務」

前陣子在召開經營會議時，Cybozu的社長青野說：「不覺得部長聽起來很過時嗎？」

這是我們在討論Cybozu新的組織圖時，青野脫口而出的一句話。先不管他想說的是職稱問題還是本質問題，相信現在每個人都有這種主觀感受的轉變。

「部長」聽起來很偉大。不過，主管就應該要「偉大」嗎？

讓我們再看一次「金字塔型的組織圖」。

從旁邊看這座金字塔，確實會看到隨著組長、課長、部長等職稱越來越大，

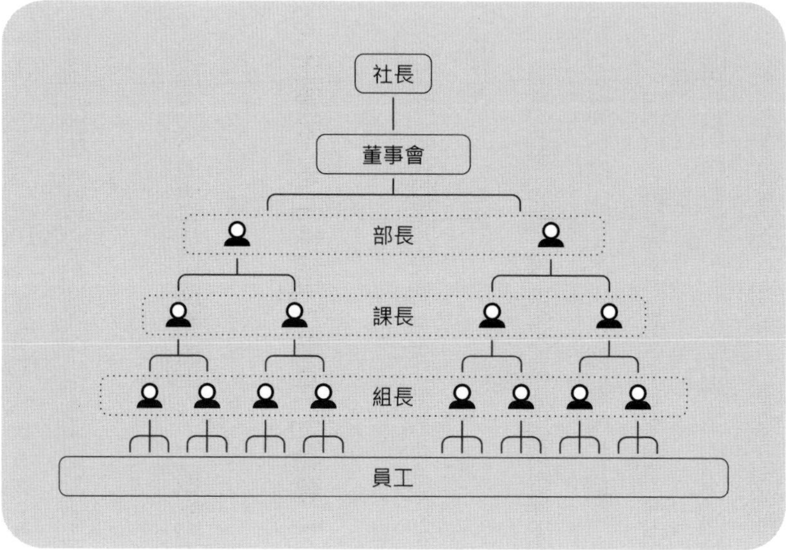

地位也越來越高。

如果從上方俯瞰這座金字塔，又會看到什麼樣的景象呢？

不論是哪個職位，都沒有高低之分。這就是原本的組織圖。

我現在擔任Cybozu的副社長，員工們一定會把我當成「有地位的人」，我自己也會覺得我好像很偉大。不過，正是因為我們有「主管很偉大」這種錯誤的認知，才容易產生「為什麼不聽我的話」這種煩躁情緒。

事實上，主管本來只是一種「職務」，甚至可以說是一種「功

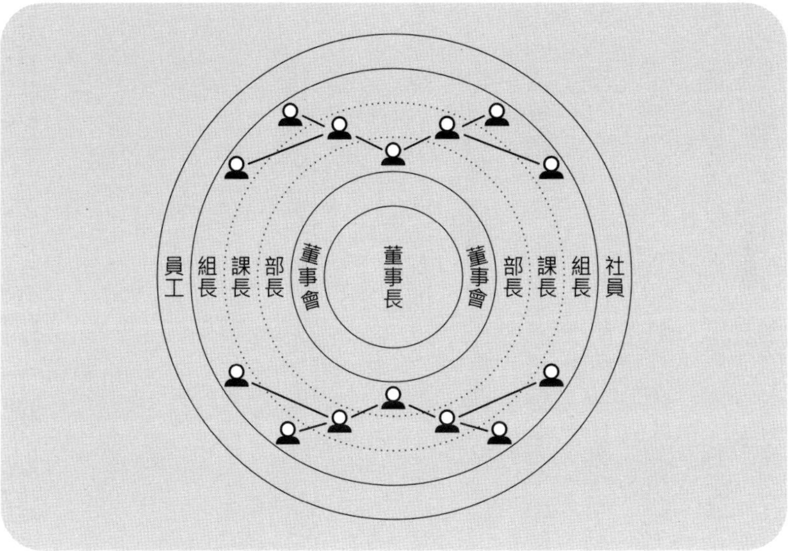

能」。那麼，為什麼這個社會會產生「主管很偉大」的氛圍呢？為了讓公司做出成果，主管擁有的最大職權是「做決策」，這點從過去到現在都沒有改變。

根據來自高層的指示與來自下屬的資訊，決定該做什麼事，並讓團隊成員採取行動。為此，主管必須具備說明能力，能夠以清楚易懂的方式解釋決策的背景與做出決策的理由，並說服下屬。

別再玩令人疲累的「權威遊戲」

不過，要做決策並且說服下屬，這並不是每個人都能輕易做到的事。因此，為了讓下屬認為「這個人說得對」、「他才是對的」，公司只好讓大家覺得「主管就是有權威」。

正因如此，過去的主管非得是「被選上的人」，也必須擁有高尚的人格。過去的價值觀是在上位者必須穿著高級西裝，謹言慎行，不可以做出不符合身分的發言或行為，在下位的人則必須維護上層。這其實就是一種「權威遊戲」。

不知不覺間，大家就產生了主管擁有「地位」的錯覺。這種情境實在令人疲憊，無論是要裝作自己很偉大，還是表現謙遜，都很累。

過去需要權威，只是因為資訊與技能不足。然而，現代已經是每個人都能取得所需資訊的時代。甚至在很多時候，現場的員工還比較了解最新知識。團隊成員已經擁有足夠的資訊可以作為決策材料使用。也就是說，已經沒有必要讓主管一個人獨占技能與資訊了。

如此一來，主管也沒有必要再虛張聲勢。主管必須做的是詢問「你怎麼想」「這種時候該怎麼做」，和成員交換意見，引出資訊，以及做出最後的決策。

不需要虛張聲勢「隱藏自己的弱點」，也不需要拚命扮演「值得下屬跟隨的主管」。

②需要的不是「技能」，而是將資訊公開的「決心」

Cybozu 選擇不以「個人戰」，而是用「團體戰」的方式來工作。網路發明之後，企業的戰略也有所改變。

過去的世界是「個人戰」。在資訊具有高價值的時代，一個人獨占資訊並擬定優秀戰略，藉此領先周遭的其他人，是非常重要的。

然而，在網路普及，資訊價值降低之後，現代社會已經是「團體戰」時代。戰略也轉變為分享資訊與團隊分擔工作。「徹底公開資訊」也是主管真正僅剩的工作之一（詳情請見第四章）。

切割資訊，藉此領先別人，已經是非常沒有效率的做法。團體戰需要的不是複雜的管理技能。過去上位者裝模作樣地宣稱「因為我是主管才知道」，揮舞著「資訊」這把武器，如今我們必須放棄這把武器。你所需要的就只是下定決心而已。

不過……從經營者與主管的立場來看，交出資訊需要強大的決心。當公司把經營層、董事層級的資訊向團隊成員公開時，公司就會瞬間變成平坦的組織。這時，我們又該如何判斷，如何採取行動呢？公開過去從未公佈過的企業戰略與財務狀況之後，就無法再說謊了。

明明資產很豐厚，卻以「共體時艱」為由壓低獎金，會引來「要分給員工時就沒錢」等批評，引發反感。對下要求「別有太多意見，按照這個策略去做」，也會遭到反駁「這個市場已經是紅海，現在才開始已經來不及了」。

那麼，以員工的觀點來看，又是如何呢？

公開資訊，就代表公司和主管不只用言語，也用行動表示「我很倚重你」。這是非常令人高興的事。資訊公開後，就會出現單獨一人想不到的創意，還有來自多個視角的回饋。

能夠創造出價值的，不是某個人的領導魅力，而是平凡的人們組成一個團隊同心協力，在各自擅長的領域上截長補短。

最需要公開的資訊是「過程」

然而，下一個會出現的疑問是「到底要公開到哪種程度?保留哪些資訊不公開?」

答案是，除了內部人員資訊與個人資訊以外，一切都不保留。目前，Cybozu基本上會將所有的資訊對公司內公開，例如企業戰略、新產品、新人事制度，包括尚在擬定中的草案。其中，我認為最難公開，但最好要公開的就是「過程」。

我常常聽到的擔憂包括：

「公開還在討論的內容，會造成員工的混亂，即使收到很多意見也無法一一反映」、「如果沒有反映員工的意見，就必須說明沒有反映的理由」、「會造成很大的溝通成本」……等等。

不過，說得極端一點，這些理由就像是在說「本公司不希望由員工來主導」一樣。

若經營決策圈與員工之間產生資訊落差，兩者對資訊的理解當然就會有時間差。如此一來，好不容易做出的決策就會因為「偏離現狀」而不得不修正。若是沒有修正，就會造成工作現場傳來「沒聽說這件事」、「完全不知道」、「這種方法怎麼可能順利」等等不滿，士氣也會持續低迷，最後甚至會演變成只是做做表面工夫。

如此一來，工作的生產性當然無法提升，也難以達到成果。

讓員工看到決策的中途過程，或是推翻已經決定好的決策再次修正。這兩者，究竟哪一種才會付出較高的成本呢？

③你不需要「變成神」，只要知道「誰擅長什麼」

在前一章，我提到「Cybozu 放棄讓人來管理人」，那麼主管又該做什麼呢？

簡而言之，就是「拜託別人」。

說到「拜託別人」，聽起來就像是一個無能大叔才會做的事，總覺得有哪裡怪怪的，對吧。

確實如此，不過，我們會有這種感受有一個前提，那就是過去的理想主管形象一直都是「團隊裡最有能力的人」。在這種前提下，上下關係才能建立。主管說的話才會是絕對真理。過去人們認為，當主管說「不用一一說明你們也該懂」，部屬就該去實踐，這就是最有效率的管理。

以前的 **Cybozu** 也是如此。有很多主管心裡都還有「昭和年代的價值觀」。最嚴重的就是我自己。

從前的我認為「決策速度就是一切，不需要大家都能認同，如果有人不能接受，那他可以選擇離開」。

我也曾覺得，「在我們專心傾聽意見而缺乏產出時，公司就會倒閉，員工也會失業，如果有時間聽大家的意見，不如回去做自己的工作」，對於團隊成員鼓起勇氣提出的意見不屑一顧。

然而，在這個時代，決策速度真的是一切嗎？就算決策速度再快，如果過程不適當，資訊看不見，意圖也不清晰，團隊成員就不會接受。在成員無法接受的狀態下開始推行專案，工作效率就無法提升。

讓我們再次回到主管的理想形象。「主管必須是團隊裡最有能力的人」，這種理想真的正確嗎？仔細想想，我之所以覺得自己做不到而放棄管理，或許就是因為進入 Cybozu 的員工都非常優秀。

一間正常的公司，無論在哪個年代，都是後進比較優秀。跟年齡無關，後來的人就是比較優秀，也具備較多樣化的專業性與個性。Cybozu 的後進精通銷售、行銷、程式……等等我不瞭解的事。

公司越大，工作的內容越多元，專業也會多樣化。如此一來，主管不可能在所有領域都比其他團隊成員優秀。（如果真的有這種狀況，代表這個團隊沒有意義）。

因此，幾乎沒有任何工作是身為主管必須做的。舉例來說，主管沒必要一個人去做重要的簡報。交給擅長講解的人就好。即使有彙整數字的責任，也不用自己盯著 Excel，行銷工作交給擅長分析數據的人就好。不過，如果主管本人很擅長銷售，就可以接下銷售工作。也就是說，對主管來說，重要的是掌握在自己的團隊裡「哪個問題要問誰才會知道」。

主管的自我成長也不能夠遜於下屬們，但如果主管自己去接每一顆球，總有一天這些球會從你的懷裡掉下去。

我所說的並不是叫你當一個「只會受人幫助的主管」。而是不去區分自己（主管）和團隊其他成員。按照彼此的特性拜託其他人做事。這樣，就不會有誰扮演比別人偉大的角色。

千禧世代與昭和世代行動原理完全不同

當我講到這裡，一定會出現下列這些反應：「我的員工沒那麼優秀」、「大家等級都太低了，我不領導他們，團隊根本運作不起來」、「最近的年輕人都在等別人發號施令，欠缺主體性」。

不覺得這樣的說法太過「敷衍」了嗎？其實，我也不認為改變做法後，團隊成員就會一一提出「要不要試著這樣做？」的提案。因為過去一直都是採用主管下指令、成員遵從指示的方法。突然叫下屬「要積極」，未免太過自我中心。實際上，在主管們高喊「改變員工的想法」、「讓員工有所成長」的時候，就已經太不知天高地厚了。

歷經過去的管理經驗後，我切實地體認到一件事。那就是，「權限」真的太可怕了。

過去的我曾經負責決定規則，讓員工遵守，把大家塞進「優秀人才」這個框架裡，再把塞不進去的人淘汰掉。身為這樣的角色，我的自省是：在組織裡以為自己是萬能的，人就會產生越來越多的錯覺，彷彿自己就是「神」。這真的非常可怕。

當我看到團隊按照自己的想法行動，我也能成功率領他們高效率達到成果時，真的很滿足我心中好大喜功的部分。

這是一種自我中心。如果大家都能跟上，也都能因此而幸福，或許這也能算是一種正確答案。

不過，千禧世代與更年輕的「Z世代」生於物質充裕，也理所當然擁有網路的時代。他們能夠從無數資訊中挑選自己喜歡的，即使跟周遭的朋友意見不合，也能透過社群網站輕鬆找到擁有共通興趣的同好。也就是說，他們親身理解到「不用勉強改變自己的思想或形貌，也能自由選擇喜歡的社群」。

對這些年輕人來說，「你必須這樣做」這種上下關係的權限已經無法發揮作用了。他們會選擇自己覺得「讚」的事物，體驗後再分享給別人。這就是新世代的行動原理。他們會用完全一樣的原則選擇工作與公司。共鳴會改變他們的行動，共鳴也會帶來成果。

現在發生的可不是資訊來源從報紙變成網路，工作地點從公司變成咖啡廳等狀況，而是人的行動原理，也就是團隊的行動原理發生了典範轉移（Paradigm Shift）。當團隊的行動原理開始改變，組織本身應該也會開始改變。

④組織圖必須從「金字塔型」轉變成「營火型」

過去的金字塔型組織，已經漸漸成為資源分享成本高昂的舊時代「遺物」。對於因共鳴而採取行動的世代來說，舊有的組織架構實在太不自然了。

最近，無論是哪一個公司都有越來越多跨部門、與外界人士合作的「專案型」工作。而且可不是只有一、兩件。

如此一來，會發生什麼事呢？決策的過程會變得複雜。

如果營業部、企劃部、行銷部與外部協助人士都有參與某專案，那麼決議就需要通過營業部、企劃部、行銷部各自的組長、課長、部長核可，再和外部人士簽約……光是蓋章核可，就把上班時間都花光了。也就是說，業務領域已經擴大到金字塔型的組織無法跟上的程度。

然而，公司卻還是用過去的結構在運作，因此必須一直調整扭曲的運作方式，主管也一直都很辛苦。此時，我們注意到一種「營火型」組織架構。

各位有生過營火嗎？國小或國中露營時應該有看過吧？請試著想像看看。把木材組合起來，生起營火，大家圍繞著營火唱歌、跳舞、玩遊戲，按照自己的方式遊玩，就會感到開心，時間也一下子就過了。請看下圖，我想在組織中加入的，就是這樣的景象。

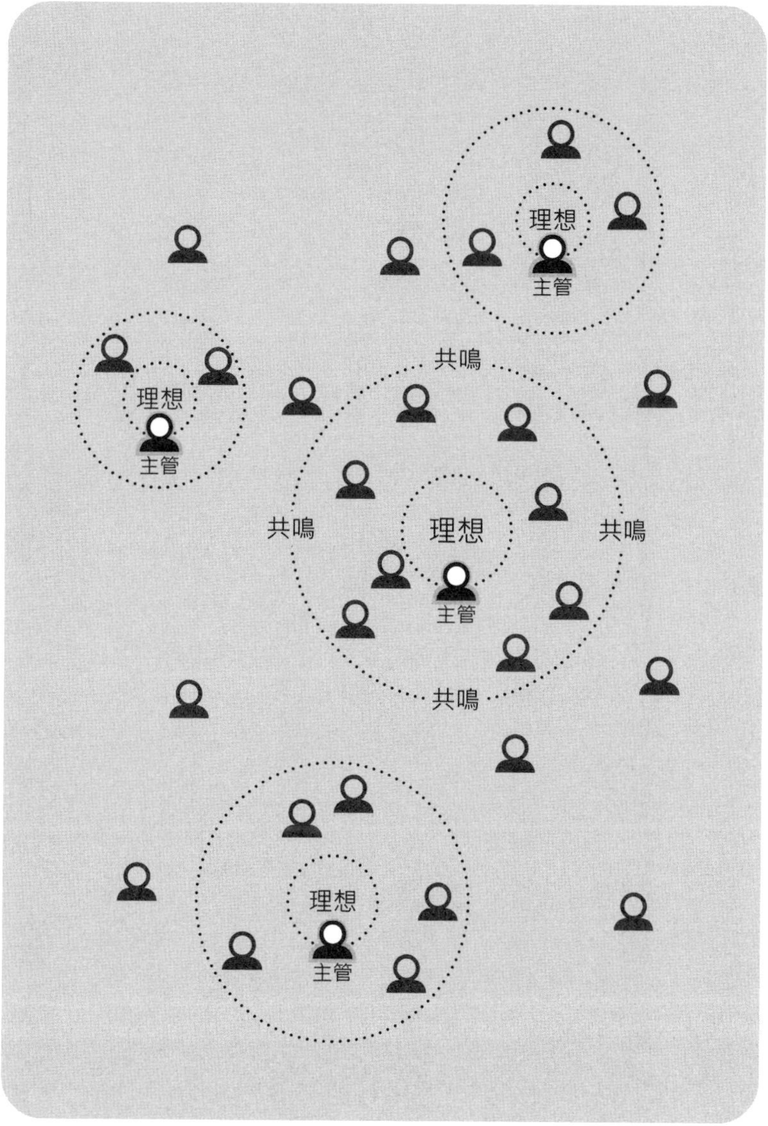
理想
主管
理想
主管
共鳴
共鳴
理想
共鳴
主管
共鳴
理想
主管

Cybozu的開發部沒有「主管職」

在營火中心的人，會唱自己想唱的歌，跳自己想跳的舞。絕對不會刻意吸引其他人「快看看我」。真的只是做自己想做的事而已。

在商務上也是如此。

當某人描繪出的理想，就像黑暗中舉起的火把一樣照亮周圍時，自然就會有人被光亮吸引，說著「我也因為同樣的狀況而煩惱」、「我想要這樣解決」，因而聚集起來。

接著，若有人想要一起唱歌而加入歌唱也可以，想跳舞而開始跳舞也沒問題。

當人們說著「我會做這個」、「那我來做這個」、「這個領域就交給我吧」，帶著自己的技能聚集起來時，一個團隊就誕生了。

當然，若有人因為害羞而不想上場跳舞，但想要靠近一點看別人跳，也沒有關係。也會有人覺得「隔壁的營火好像比較有趣」而離開。最後，還會有人自己生起新的營火，也會有人在那裡跳夠了舞，又回到這裡來。

既沒有「誰比較偉大、誰比較卑微」，也沒有「誰對、誰不對」。只是每個人都有自己的角色而已。

如果要說有一個「人們聚集起來的理由」，那就是能不能讓人感覺到「好像很有趣」、「好像很好玩」，也就是「讚不讚」。實際上，儘管Cybozu的開發部有一百六十個員工，但這裡已經沒有「主管職」，也不再是金字塔型的組織結構。

這一切的開端，是在「主管職似乎沒有必要存在」這句提案後，進入治外法權式的實驗階段，現場的主管們也提出問題：「組織結構大大妨礙了團隊改善」、「現在的組織真的適合現今的狀況嗎」，因此我們開始討論組織變更。

⑤不要求「100％的忠誠度」，而是接受「100種不同的距離感」

在這裡，我想問一個問題。

什麼是「金字塔型組織」擁有，而「營火型組織」沒有的東西呢？答案是「100%的忠誠度」。

過去的公司，將這些進入金字塔框架的人稱為「員工」，根據是否遵守決定好的規則，測試他們的忠誠度。

能不能全職工作，加班到深夜，是否能配合與主管和客戶應酬，是否接受調職，甚至派任海外。即使結婚生子，買了房子，獨自派任外地也不會有怨言，無論是哪裡都願意去……通過這些考驗的員工會得到「更上一層樓」的認可，才能飛黃騰達。

另一方面，無法遵守這些規則的人，就會因為「不夠努力」而無法獲得認可。在失意中離開這個框架的人，還會被蓋上「不讓你再次踏進來」的印章，就此被捨棄。

以這種方式漸漸擴大範圍，公司也隨之擴編，就是過去我們口中的「經營」。用客觀的方式觀察，就會發現這真的很奇怪。

相對地，營火型的組織有人唱歌，有人跳舞，有人進進出出，也有人只有一隻腳還留在裡面，再看一次前幾頁的示意圖，會發現以營火為中心，每個人的距離感都不一樣，可以說是「一百個人有一百種距離感」。

當組織開始全球化，價值觀也越來越多元，根本不可能再追求「100％的忠誠度」。在一間公司持續工作到退休的人也漸漸變少了。也有更多人即使薪水比在都市低，依然決定選擇住在地方，在離家人近一些的地點工作。只要人生階段與生活風格改變，這些人的選項也有可能會發生變化。

Cybozu已經放棄對所有員工要求100％的忠誠、建立100％的信賴。我們認為忠誠與信賴都不是「有或沒有」這種是非題，而是像光譜一樣。不過，對理想若是完全沒有共鳴，就無法組成團隊，因此我們判斷員工至少要對Cybozu想達成的理想有共鳴，且有相應的職務，也有報酬，能夠接受以上條件並願意協助，即使忠誠與信賴不是100％也無所謂。

舉例來說，如果有個朋友你一年只見一次，但二十年來都保持著良好的關係，當你每週都會見到這個朋友時，或許就會發現他的缺點，甚至就此不想再次見面。每個人能感到舒適的距離感各不相同。因此我們選擇接受「一百個人有一百種距離感」，繼續組織團隊。

對員工來說，「Cybozu的五種精神」毫無意義

我以前也曾經對全體員工要求100％的忠誠度。在員工研習上，詢問台下「是否對Cybozu的理想有共鳴」，要求員工們一字一句一起背誦「Cybozu的五種精神」。結果只是我一人獨自抱怨「大家都不肯記」，明明已經從「七種精神」刪除了兩種，只剩下五種了。

全員都保持一樣的距離感，排成一列衝向目標，已經是落伍的做法。我想，包括社長在內，沒有任何人對Cybozu這個團隊有100％的忠誠度。

有些人對公司是50％，對家人30％，對複業和休閒各是10％。也有人對公司是30％，對複業是50％，對家人和休閒活動各投注10％心力。

這都沒關係。

談論團隊時，常常會提到「信賴」這個詞。例如「提高信賴度，改善團隊合作」、「建立信賴，提高團結度」等等。

但是，你有沒有想過，即使公司高喊信賴、信賴……員工也只會覺得有夠沒意義。

職場人際關係好，當然比關係差來得理想。但是，信賴度過高反而會造成「主管說的話一定正確」、「你說的我一定會遵守」。這種聽從指令向左轉向右轉的對話方式，根本就失去了團隊合作的意義。

需要衡量的，不是「信賴感」而是「距離感」。有些人無論對方是誰，都能立刻變熟，跟同事相處就像朋友。有些人會把工作和私生活分開，保持一定的距離。每個人的距離感都不同。

團隊成員能保持讓各自感到舒適的距離感，不但是對別人的尊重，也是團隊應有的「信賴關係」。

⑥比起「良心企業」，不如把目標定為「透明企業」

最後，我要分享 Cybozu 最大的特徵，也就是 Cybozu 之所以能放棄前述五種理想的原因。

那就是「光明正大」。

媒體報導 Cybozu 時，常會稱讚我們是「良心企業」。不過，我們並不是以「良心企業」為目標。重要的不是良心或黑心，我們是把「透明」當成目標。「透明」指的也就是「光明正大」。

在就業時，常有人會討論「該如何辨別黑心企業」。求職者希望能在重視工作生活平衡的、好做事、福利多的良心企業工作。至少不想進入長時間工作，要求員工做牛做馬的黑心企業。

不過，我認為也不應該全盤否定這些黑心企業。例如：「敝公司工作強度很高，但會給予相對應的薪資。這份工作很有意義，也有市場成長性，員工的努力或許可以讓公司擴編，如果你能理解且有所共鳴，請務必試著挑戰看看。」

如果一間公司能像這樣確實告知資訊，是否選擇它，就是求職者個人的自由。我並不是在肯定那些強迫員工無償加班，導致員工因為長時間工作而失去健康，甚至失去生命的狀況。

事實上，新創企業的工作時間就是比大企業長，而且有許多新創企業都沒有完備的員工福利。不過，還是有很多人因為追求社會意義、影響力、充實感、成功時的報酬，而進入新創企業。

社會上有許多不同個性的人。若能真正尊重每個人的個性，應該要接受有些工作狂想要充實工作，有些人則想早點回家。

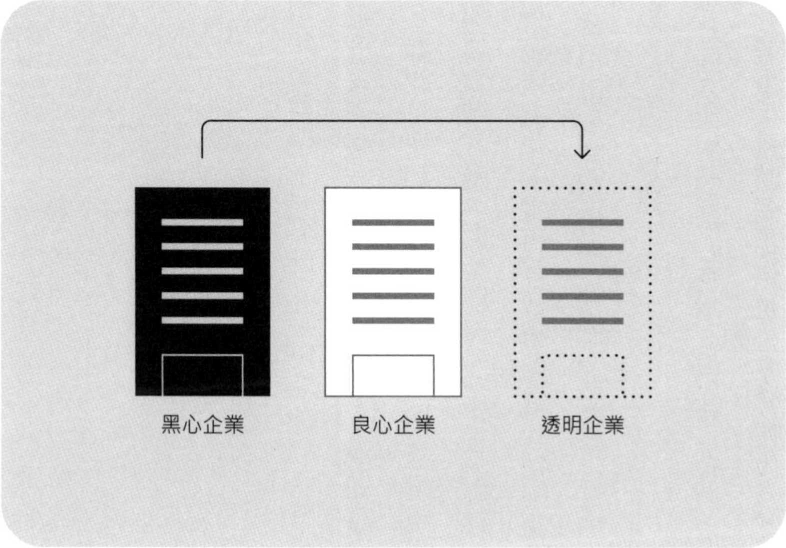
黑心企業
良心企業
透明企業

先公佈資訊就贏了

不過，許多公司還是對公開資訊有許多疑慮。他們希望投資人關係（Investor Relations）和徵人網頁能再漂亮一些，也就是說，希望在學生和股東眼中看起來是一間好公司。因此，好消息要加油添醋，壞消息則盡量隱瞞。

然而，現在不管如何粉飾太平，謊話連篇一定會被揭穿。在轉職者專用的評論網站上，有許多針對企業文化、是否好做事、進公司前後的落差與辭職理由的投稿與評分，也有人會用匿名部落格或社群網站進行檢舉。因此，資訊其實是「先公佈先贏」，早點公開的才是贏家。

從前的 Cybozu 也曾經是典型的黑心企業。當時，我們信奉成果至上主義，讓員工與事業部成員彼此競爭，長時間工作也是家常便飯，甚至公開宣稱「跟不上的人可以辭職」。

當然不可能從這種狀態突然變成良心企業。因此，我們的目標首先是透明，然後就成為了社會上推崇的「良心企業」。以上就是Cybozu捨棄的理想，也是我們站在管理的原點找到的「輕量化組織」。

我們並非從一開始就發現現代的管理理想已經太過陳舊。過程中發生了許多按照過去的常識進行管理，卻不順利的狀況。因此才試著實現「一百個人有一百種工作方式」。這也是因為Cybozu曾有離職率由28％降到4％的歷史。

我們相信，這段過程可能遲早會是各位將來走上的道路。下一章開始，我會盡量真實地、光明正大地分享比各位早一步的Cybozu是如何走過這一段路，包括好的部分與壞的部分。

Chapter 2／離職率由28％降至4％的過程

Cybozu的過去或許就是貴公司的未來

從離職率28%的公司成為離職率4%的公司。Cybozu經歷過的這段路，就是一段假設未來組織的型態、主管的職務，並加以實驗、尋找的過程。

相信現在閱讀本書的你，就和十幾年前的我和Cybozu一樣，感到不安與困惑。這些困境可能來自公司一開始是新創企業，後來因為員工急速增加，管理失去功能。或是在大公司擔任中階主管，公司要求績效，但你卻無法維持下屬的士氣。

要維持現狀，漸漸變成「令人想辭職的公司」？還是要以「能舒服工作的組織」為目標？現在正是分歧點。

Cybozu與我的「過去」，或許就是各位與貴公司的「未來」。我希望藉由分

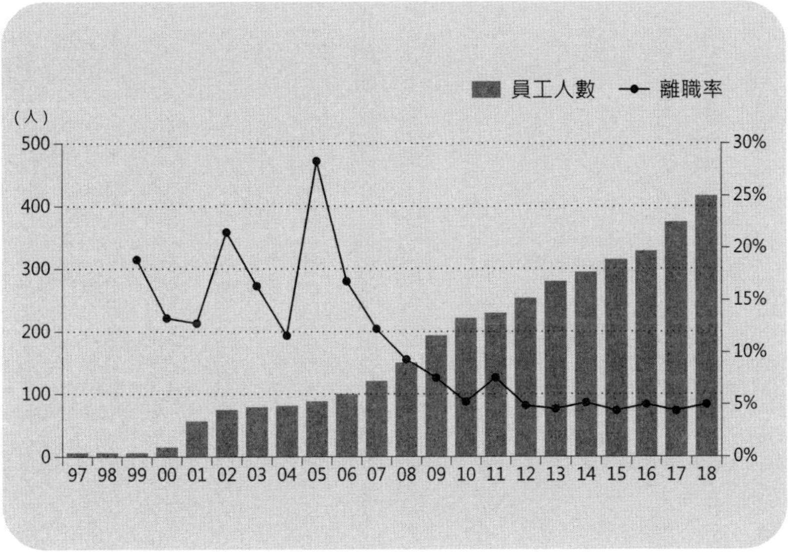

享這段過程，給各位一點管理的靈感。因此花費數十頁的篇幅寫下這一章。

十幾年前的Cybozu曾是驚人的黑心企業

目前，Cybozu是東證一部上市企業，約有八百名員工。在日本國內八個都市以及美國、中國、澳洲等五個國家共八個都市擁有據點或關係企業。在日本國內約有八百五十萬用戶。海外部分，在美國有三百五十間公司，中國約一千間公司，東南亞約四百間公司使用Cybozu推出的群組軟體。

為了實現「一百個人有一百種工作方式」，當我們尊重員工的個性，事業發展就十分順利，新產品也上了軌道，業績也有所提升。儘管我們「放棄了成果至上主義」。

許多人都會閱讀Cybozu的網站「Cybozu式」，或許也有很多人會對Cybozu有工作環境很好的印象，十分令人感謝。不過，這些都是「現在」的狀況。「以前」的 Cybozu 是完全不一樣的公司。

二〇〇五年前後，正是青野成為社長後不久。當時，Cybozu 的離職率高達 28 %。也就是說，一百個員工在一年內會有二十八人離職，比例高達四分之一以上。即使平均分配到每個月，一個月也會有二到三人離職。

如此一來，每兩個星期就要開一次離職員工歡送會，而且氣氛並不好，簡直是糟透了。公司內的氣氛十分陰沉，業績也碰到瓶頸，簡直沒有一件事是好的。

當時的 Cybozu 是一間讓員工與事業部成員彼此競爭，要求下屬無論如何都要提高營業額的新創公司。職場人際關係不佳，每個人都被迫獨自戰鬥，甚至還對疲憊不已的員工說「我們是新創公司，當然要努力、為什麼你們連這種事都做不到」。

這種經營方式錯了，不是嗎。如果繼續這樣下去，或許 Cybozu 會連優點也漸漸失去。

有一天，我對青野這麼說：「再一次重建公司吧。」、「我還是想要打造一間好公司。」

我和青野一起重新審視了所有狀況，包括管理方法、人事考核制度、工作方式等。當時Cybozu約有一百三十位員工。這是我們最後一個修正的機會。

我們當時的想法是，一定要在「員工的臉跟名字還對得上的規模」內，改變公司的「環境」與「制度」。

回顧從前，我也曾希望自己能早點察覺異狀。不過，對於我們來說，那是個必要的時間點。接下來，我想說一些在我跳槽到Cybozu之前的事。

曾在市值全球第二的銀行員時代看遍人情冷暖

我在大學畢業之後進入日本興業銀行（以下簡稱為興銀）就職。後來興銀被合併為瑞穗銀行，實質上已經不存在了。

不過，在泡沫經濟時期，它曾是「市值全球第二」的企業。當時是一九九二年，對於並沒有什麼明確志向的我來說，興銀是一個再好也不過的選擇。

一開始，我被編入向投資者仲介金融產品的市場營業部。第四年派任廣島分行後，才開始接觸以對法人融資為主的銀行業務。

其中，令我印象深刻的是遊戲公司「Compile」的融資案。Compile 就是開發出知名方塊遊戲「魔法氣泡系列」的公司。在「魔法氣泡」大受歡迎之後，Compile 的業績急速提升，粉絲越來越多，也在幕張展覽館舉辦了超大型活動，正是熱潮方興未艾的時期。

Compile的創業者仁井谷正充是一位天才。我親身見證原來一個天才可以造就這樣的商業成長，也感受到了這股狂熱。

當時，Compile想成立新的商務軟體事業，因此向銀行申請融資，而興銀就是這項融資案的主辦銀行。然而，Compile造成的狂熱卻在一瞬間就消失無蹤。Compile與其他金融機關的溝通並不順利，導致融資全部被取消，現金流也被打斷，發生週轉不靈，財務一下子就出了大問題。

曾經的金雞母「魔法氣泡」，著作權也賣給了SEGA。就算公司裡有一位天才，擁有非常棒的創意，商品的銷量驚人，也不代表生意就能做得成功。這件事讓我深深感覺到「這就是公司經營」。

結識三木谷、藤田、南場、堀江的時代

在「魔法氣泡」的悲劇之後，我被調派到東京，進入負責媒體及資訊通訊類企業的部門。

上級吩咐我：「如果只靠融資給大企業，生意會做不下去。你去接觸一些有發展性的產業」，我因此開始搜尋IT企業，找尋能夠投資、併購的商務機會。

當時是一九九六到九八年，也就是IT熱潮的前夕。我前往剛剛創業的新創公司，向他們毛遂自薦。這些公司有和我一樣出身自興銀的三木谷浩史創辦的樂天（當時是樂天市場）、藤田晉帶領的CyberAgent、南場智子創立的DeNA……等等。那時候，堀江貴文的公司還在六本木的住商混合大樓裡面。

不過，畢竟無法立刻就開始談交易。我們會在興銀總公司的一角定期舉辦類

似網友聚會的活動。這些人跟我都是差不多的世代。雖然遭遇完全不同，但他們充滿野心且認真夢想著網路的未來，這給了我很大的刺激。

在「日本大企業」感受到典型的組織憂鬱

我在興銀工作近八年後，同期進公司的人慢慢有幾個當上了主管。我個人沒有經歷到特別令人不滿的人事調動或職場，算是運氣很好。不過，該說不愧是興銀嗎，公司裡真的有很多聰明人，也有些不知天高地厚的年輕人會公開說「我主管真的沒本事」。但是，興銀畢竟是個僵硬的年功序列型組織，就算部下再怎麼比主管優秀，課長還是會讓年資長的人來當。

如此一來，優秀的部下就會突然發動攻擊，有些幾乎已經到了否定對方人格的地步，例如「您連這個都做不到嗎？」、「為什麼會是您這樣的人來當課長？」

即使課長下了指示，部下也會以正確邏輯反駁，令人無話可說。這些主管們坐立不安，其中甚至有人陷入憂鬱，無法再到公司上班。我看到這副光景，打從心底覺得「沒辦法繼續待在銀行了」。

如果將來我擁有優秀的部下，就會像那位課長一樣，一句話也說不出來。如果我一直忍耐，或許當得上課長、部長，但一定當不上高階主管。結果，我在興銀待了八年都沒有當上主管，雖然有後進，但我自己一直都是底層員工。但我卻是一個常常反抗業界特有的習慣、規則的麻煩員工。

我會對上司說：「做這個有意義嗎？為什麼不能不做？」

上司告訴我：「山田，你老是說這種話是沒辦法出人頭地的。」

我又說：「出人頭地是什麼？真的要說這些，那就有更多該改的地方了。」

現在回想起來，當年的我真是非常青澀。

不過，我之所以感到憤慨，並不是因為銀行業務，而是因為「大企業組織的規則」。公司總是因為「一切都已經決定好了」而停止思考，完全不感到任何疑問，持續遵循各種習慣與規則，舉例來說……

■有很多要隱藏的祕密

不只對外界保密，還有對其他部門要保密的內容。甚至有些事情只有上司跟我才知道。包括一部分應該是為了保護自己免於公司內外稽核單位指正的修正作業。也有一些是相反的內容。有很多資訊不能告知員工，因此會變成「小道消息」在酒席上流傳，感覺真的很像在看八卦雜誌。

■核准的程序太長

核准程序有太多規則，業務規定也很多。要取得一項核准，光是找尋相關的條文在哪一項規則和規定裡，就十分辛苦。因此，在公司內，記得所有相關知識的人就是「菁英」。然而，這些知識就算記住了，在其他的公司也完全不適用。

■規則與禮儀

服裝、獨特的用語、印章的蓋法、私下找人溝通的順序。許許多多的「規矩」。員工受到嚴格管理與束縛，環境非常不自由。

■無法自行決定職涯和工作地點

在升遷與異動時，最重要的是組織的想法。員工很難排定結婚和購屋的計畫。即使伴侶想繼續工作，也很難在遷居以後找到新工作。如果孩子已經在上學，被調職時就必須一個人前往赴任。

■年功序列制

基本上，無論員工是否優秀，只要能忍耐不合理的生活，就能當上主管。不過，當上主管並不代表公司對你有所期待，只是「按照規定」而已。這不僅是制度的問題，公司內還有「年資久的人說的話一定要服從」的氣氛。

■不清楚公司的經營理念與理想

小職員幾乎見不到總裁（相當於一般企業的社長）。一年只會有一次，總裁會在新年時來到我們所在的樓層，對大家說：「新年快樂，今年也請好好努力加油」，而我們會像時代劇裡見到藩主的農民，誠惶誠恐地低著頭回道：「是！」

在我們完全不知道的地方，公司不知何時制定了策略與方針，員工也無法好好理解經營理念與目標，每天都只是為了薪水而工作。

如何呢？相信在各位讀者中，一定也有人邊看邊點頭，對吧？

我親身感覺到，興銀這種可以說是「代表性日本企業」的典型大組織裡，既有的管理已經到達了極限。

我不知道為什麼要在這間公司工作，也找不到自己在公司裡的存在價值，這時，我聽到了一個很震撼的消息：興銀要和其他的銀行合併。

我這才發現，雖然有許多抱怨，但我比自己想像中更感念興銀。這是一間對我這種做得不好的員工，也會好好發薪水、好好照顧的銀行。還有很多恩惠，讓我想再努力一點，想好好回報。但是，日本興業銀行即將消失。我再也沒有繼續待在這裡的理由了。

在網路旭日初升時代遇見 Cybozu

剛好在這時，東京開始有一些地區性的風潮。

「未來就用網路改變這個世界吧！」

一九九九年，澀谷每個月都會舉辦活動，網路業界將這場活動稱為「bit valley」[3]，每次都有超過1千人參加。

雙眼發光的網路新創公司高層，加上成群的金融機構、投資家、創業投資者。當時的東京都知事石原慎太郎、日本銀行總裁速水優等人也都有參加，軟銀的孫正義也曾在出席世界經濟論壇後，立刻包下噴射機回到日本參加 bit valley。

3 以「矽谷（Silicon Valley）」為靈感，將「澀谷」拆成「澀（bitter）+谷（valley）」，再拆出其中的「bit（位元）」為雙關語。

在彷彿泡沫景氣重現的熱潮中，各種人與人在此相遇，一起熱烈討論網路世界的未來。

同年代的二十多歲、三十多歲創業者們，雙眼發亮地將「美夢般的未來」當成現實的商務討論。郵件收到回覆的時間，當然也都是深夜。相對於這些拚命努力工作又懷抱期待的人，我又是什麼樣的人呢？

我的薪水大概比他們多，也有社會地位。但我找不到自己的存在價值，每天都是用一雙死魚眼在工作。

當時我已經結婚，第一個女兒剛出生不久。如果孩子長大，我一定會更難轉換職場。但我絕對不想成為一個對孩子宣稱「爸爸都是為了你才勉強去做不喜歡的工作，這一切都是為了把你養大」的老爸。誰想當這種父親啊？所以，我必須去做自己想做的事。

興銀已經沒了，如果要離職就要趁早。乾脆來創業吧？我每天晚上都跟前輩在銀行的休息室討論未來。以後就是網路的時代了。

不過，當我把一些零星的構想告訴朋友之後，朋友潑了我一臉冷水：「這種笨到家的商業模式根本沒辦法拿來創業，你就是個銀行員，想不出什麼新生意的。」

相對地，他向我提議，說他知道一間才創業不久，還沒什麼人，但很棒的公司，可以幫我介紹。這就是我和 Cybozu 的相遇。

我至今都沒有忘記，一九九九年十二月六日，朋友介紹我和 Cybozu 的創業社長高須賀宣認識，我們立刻就談得很投機，再下一週，我去了大阪，和創業元老畑慎也、還有現在的社長青野慶久，三個人一起討論。我心意已決，一定要和這些人一起工作。十二月二十四日，我向上司提出辭職，一個月後正式離職，加入 Cybozu。

青澀的新創企業與半澤直樹般的我

為什麼我會想在Cybozu工作呢？我確實受到他們想打造的事業，還有它的商業模式吸引。藉由IT的力量讓這個世界更豐富。群組軟體既有市場，也有未來性。

不過，身為一個小銀行員，我所知道的IT就只有Excel，當時的我無法真正理解IT的力量有多大。只模模糊糊地覺得，這群人好像很有夢想。我只知道一件事，就是他們都很「光明正大」，也很認真。

他們的年齡跟我差不多，但卻會說出這樣的話：「公司是社會的公器，以『銷售額』這種形式保管客戶的錢，用這些錢開發出更好的產品，再提供給客戶。然後再次保管客戶的錢，做出更好的產品……以這種方式讓金錢循環，達到永續的社會貢獻。這就是公司，這就是生意。」

青野來自愛媛縣今治市，高須賀則是松山市出身。他以前在松下電工（現在的 Panasonic）工作，非常看重創業者松下幸之助的經營哲學。

聽到他們的理念，我忍不住嘀咕：「這些人是當真的嗎？」從前的我，生活在「半澤直樹」的世界裡。當年，這本小說還沒有發表，但在後來的連續劇設定中，主角半澤直樹是在一九九二年入行。也就是說，跟我幾乎是同期。

在我拿到工作合約後不久，就發生了一件與大阪料亭老闆娘有關的事件，電視新聞整天都在報導我將要進入的銀行有弊案。

入行第一年，在泡沫經濟崩盤時，公司的專務突然因為瀆職而被捕，每次最高財政機關與中央銀行的稽核人員一來，就會突然叫我們把文件都裝進紙箱裡，大家就得在搞不清楚狀況下把資料搬進倉庫或單身宿舍。泡沫經濟崩盤的同時，為了金錢和自我保護所說出的謊言，就像岩漿一樣突然噴發……

當我見到 Cybozu 的三人時，打從心底這麼想：「可以抬頭挺胸，堂堂正正地走在康莊大道上真好。即使這次跳槽不順利也無妨。就算被這些人騙了，我也心甘情願。」

二〇〇〇年一月，我進入了創立兩年半，包括創業團隊在內，員工才剛剛超過十人的 Cybozu。

這是場豪賭，我很慶幸自己相信了他們。我還記得當時我們熱切的討論，青野的眼睛就像少年一樣閃閃發光，現在他已經快五十歲了，給人的印象卻和當年一樣，一點也沒有改變。

不斷高喊成長、速度、倍數的新創時代

進入 Cybozu 後，我加入了創業者三人組成的經營團隊，成為第四位成員。我的頭銜是「CFO（財務長）」，聽起來很酷，但當時的我一個下屬都沒有。我就是「校長兼撞鐘」的財務負責人（後來很快有新人進來，就變成真的校長了）。

在我管理財務時，公司需要準備上市，我也需要法律知識，為了內部管理，我必須制定規則，也必須與證券公司、稽核單位書面往來。

公司發展得順利，就必須招聘新員工，因此我也扮演人資的角色，開始替公司徵人。

總而言之，除了產品開發和銷售之外，我什麼都做。我一手包辦了管理部門，慢慢招聘新員工，我的團隊成員也漸漸增加。

過了整整二十年，真的經過了許多掙扎與實驗。二十年前的Cybozu，是個全力往前衝刺的新創公司。要求「成長成長成長」、「速度速度速度」、「倍數倍數倍數」是理所當然的。我們的夢想很大，認真高喊著要和微軟、IBM一決勝負，成為世界第一。

當然，員工每天都工作到很晚，連加班這種概念都沒有。

當時，我們總會說：「根本不需要回家吧」、「我們的目標是什麼」、「根本沒有時間在這裡磨蹭」、「總之就是工作工作工作，不要休息，努力成長！」

不知道各位讀者看了有什麼感想？相信各位在年輕時，腦中也曾經這樣告訴過自己，或是曾經有人對你說過這些話。

業績順利成長，工作一件接一件進來，想做的事和不得不做的事都越來越多。員工也必須增加。

每個月都聘用新員工，保持工作進度，但人力還是不夠，於是再聘用新員工……根本沒有時間照顧老員工。

會進入新創公司的人，也都很有個性。都是一些會主張「我過去都是用這個方法，我有自信，在這個公司也想充分發揮能力，大幅成長」的人。

我是主管，但即使我發出業務指令，也老是得到這種回覆：

「我不要，我想做這個」、「我以前的公司是用這個方法，這個方法才正確」、「我是為了成長才來新創公司的！請給我更難的挑戰！」

咦……？完全不聽我這個主管的指示。

我很困惑，但為了不輸給他們，我只好扮演「嚴肅又強悍的主管」。不過，當時是公司業績蒸蒸日上的時代，因此團隊氣氛並不差。

大家都覺得「雖然很忙，很累，但新創公司就是這樣。我們都有成長，又有夢想，無所謂啦」。也就是說，所有人都看著同一個方向。

剛好在那時，我們為中小企業推出的群組軟體「Cybozu Office」引起爆發式熱潮，公司也成立了以「Cybozu Garoon」為首的新事業。

公司員工來到一百人，在成長路線上拚命奔跑。從二〇〇三年到二〇〇五年，員工又成長到兩百人。

身為管理部門的主管，特別致力於制定規則。

我的想法是，希望能以規則領導這個正在大幅成長的組織。大方向是加強公司內的成果主義，也就是「成果至上主義」。

邪惡的成果至上主義

最能反映成果至上主義，就是「魔鬼般的考核制度」。簡單來說，就是「Up or Out」。

公司會對員工進行相對式考核，對倒數 2 %的人毫無憐憫地宣告：「你沒有達到公司要求的水準，如果跟不上就辭職吧」、「公司已經不需要你了，需要留下的只有能成長的人」。

我在興銀時代非常厭惡被束縛，沒想到自己竟然會成為制定規則的人，而且還想出了這麼極端的方法。現在回想起來，真的很想大叫「你在幹嘛！」再用力朝當時的自己頭部打一拳，然而，當年的我是認真的。

我將在前一份工作感覺到的失望當成反面案例。那些仗著「年功序列」的人，不管有沒有能力，照樣能擺出一副自以為了不起的樣子。只為了保住自己的地位和工作而拚命……

Cybozu 從創業初期就不是「充滿領導者魅力的社長與提供支援的員工」，而是每個人都發揮自己的職能，在各自的領域發揮最大限度的能力，自我成長並達到成果。因此，我們不問年齡，而是希望以成果來評價員工。我想給好好努力，做出成果的人好成績。因此，需要能夠明確打分數的基準。

答案很簡單，就是「業績」。

為了用高效率達到成果，我管理團隊，用規則領導成員，建立考核制度。我也從中慢慢掌握到了訣竅。「原來如此，這樣很方便」、「這樣一來，大家就會拚命努力」。

沒錯，這就是「神」的觀點。

對於反抗的員工，我會說出「不喜歡的話可以辭職」、「這就是公司的方針」，我就像個神……不，像個惡魔一樣，拋棄了員工。

當時我制定的惡魔規則還不只這一條。

我將員工分級為α、$\beta 1$、$\beta 2$……，讓優秀的人才可以在短期內「升級」。員工的「等級」填寫在一覽表內，在公司內部是公開的。「等級」與薪資範圍有關，每次「升級」都可以多領到六十萬日圓。也就是說，公司裡的每個人都知道每位員工大概領多少薪水。

那麼，如何才能升級呢？

員工自行宣佈目標，全部達成目標可以獲得六十分，加上本部長手中的三十分和三百六十度績效考核的十分，總分是一百分。得分加起來，在公司內部進行相對評量，就能決定該位員工是否能夠升級。

而且，「等級」高的人可以分配到「個人預算」，可以用個人的權力將這些預算用於提高團隊成員士氣。例如，某個事業部的員工等級都很高，每個月都能用個人預算舉辦酒宴。這是非常單純明快的實力主義。

完成自己宣佈的目標，達到成果，就可以升等，得到能力報酬。努力做出成果就能在考核中獲得高分，這個制度不是很棒嗎？

至少，當時的我深信它是個很棒的制度。

不過，相信各位也察覺到，這種管理方法根本不可能順利。太過激進的成果至上主義，造成了很大的問題。

例如：工作時間。公司裡到處都是躺在睡袋裡的人，會議室的沙發上也常常有人在睡覺。通宵工作也是家常便飯。

甚至有人騎機車來上班，工作到早上八點，回家吃個飯，十點又搭著電車來上班。公司裡蔓延著一股「一直在辦公室裡工作，薪水才會變多，也能做出成果，一定要這麼拚命努力才行」的氣氛。現在，還有人會想在這種公司裡工作嗎？

離職率 28%造成的疑問：公司到底是什麼？

當時，Cybozu 的組織為每個產品都成立課室，使用獨立核算制。公司最賺錢的產品是以中小企業為對象的群組軟體「Cybozu Office」。

不用特別宣傳，媒體就主動報導，銷售額也持續大幅成長。當然，隸屬於 Office 事業部的員工也拿到了許多業績獎金。

另一方面，負責剛建立的大企業群組軟體「Cybozu Garoon」的事業部門，就處於業績沒有達到目標，銷售額也不佳的狀況。自然也沒有獎金。這個部門的所有員工都沒有拿到任何獎金。如此一來，公司內部就開始有不滿的聲音。

「Office 當然賣得很好，但我們可是承擔風險開發新產品，這麼努力工作，結果完全不受表揚？」、「待在這裡太吃虧了，我想轉到 Office 事業部」、「那些人根本沒怎麼辛苦，就能拿到獎金」、「虧我們這麼努力開發新產品」。

公司裡的氣氛也就越來越差。

事實上，Cybozu 之所以會採用事業部制度，就是因為我希望藉由煽動公司內的競爭意識，激勵業績成長。

當時，我認為如果公司內部的組織按照職能分成開發部、行銷部、營業部，每個部門的目標就會有所不同。因此，按照產品將不同職能的成員組成團隊，讓大家朝著「同一個產品」這個相同目標彼此切磋，各個事業部就能在良性競爭中成長。

然而，Cybozu 內部兩個大團隊的彼此較勁，漸漸對整間公司帶來了不良影響。Office 事業部也不想要把「做得好的秘訣與方法」傳授出去。因為公司採用事業部制度，又是相對考核制，只要自己一個人做得好，薪水就會增加，還能拿到獎金。相反地，如果去幫助別人，只有可能拉低自己的相對考核成績，沒有任何好處。

因此，本來可以水平分享的內容與知識，都無法共享，越來越多的資源白白浪費掉。

二〇〇五年，Cybozu 出現了一個轉機。從創業以來一直擔任社長的高須賀先生因為想做點新的嘗試，決定離開 Cybozu。

然而，公司裡還有其他員工。我們還有必須做的事。當時，接手高須賀先生的工作，成為下一任社長的，就是 Cybozu 現在的社長青野。青野就任社長後，開始著手準備併購。他希望能透過購買其他的企業來填補 Cybozu 的成長瓶頸。

在一年半之間，我們併購了九間公司。原本的三百名員工一口氣增加到八百名，銷售額也從三十億日圓增加到一百二十億日圓，市值也從三百億日圓一下子高漲到一千兩百億日圓。

在外界的眼光看來，Cybozu 不僅銷售額增加，組織也變大了。以成果至上主義來說，是非常成功的。

然而，實際上員工對這件事的看法是：「完全沒聽過的公司成了我們的集團一分子」、「根本不知道那間公司是做什麼的，為什麼 Cybozu 會買下它呢？」

根本就是一團混亂。

Cybozu 這個團隊原本就已經是一盤散沙，再過不久，就喪失了決定性的向心力。

一群又一群的員工離開公司。一個一個遞出辭呈，兩週就必須開一次歡送會。最後，連併購進來的子公司都營運不順，出現赤字，併購越多的公司，公司獲利越低。連續兩期的決算都必須下修，股價也暴跌。沒有餘力開發新事業，員工士氣低落，整個公司連團隊感都喪失了。

公司到底是什麼？是為了什麼而存在的呢？

當時的 Cybozu 真的是這麼悽慘。

從我進到這間公司以來，雖然從來沒有擔任過主管，但我非常拚命去做我認為該做的事，伴隨著事業成長，擴大了公司組織。原本我完全沒有經驗也沒有知識，但經過二〇〇〇年 Cybozu 在東京證券交易所 Mothers（Market of the high-growth and emerging stocks）上市，二〇〇二年變更到東證二部後，我選擇以達到成果為第一目標。

一開始員工只有十人左右，單純算下來，經過六年後，Cybozu 的組織已經膨脹到當時的一百倍。

每年的銷售目標都是前一年的200%，為了達成這個目標，每個事業部都會分配到自己的目標數值，再由各個事業部自行判斷，實施必要的策略，以達成目標。

不僅是組織要成長，員工也必須成長，否則就無法達成目標。因此，我引進了競爭原理，建立了考核制度，也就是「建議連續兩次考績拿到E的員工離職」。

總而言之，組織，員工和銷售額都要「成長」和「做出成果」才是對的。一切都是為了達到這個目標。然而，最後這一切帶來了高達28%的離職率，公司可以說是瀕臨崩潰。

業績是問題的遮羞布，當無法成長時該怎麼辦？

在這裡，我想問各位一個問題。

現在你所在的環境，是剛剛成立，成員尚少的團隊嗎？還是成長的過渡期？或是組織已經擴大了呢？

若你是擔負公司、事業與組織部分責任的人，有一件事希望你一定要記得。業績上升時，它會成為問題的「遮羞布」。但是，當業績無法成長時，又會發生什麼事？

當數字還在爬升，我們就沒有時間去面對組織的課題。也就是說，業績會正當化一切的問題。我們多少會聽到「那個人的做事方法有問題」等各種大大小小的抱怨，不過，只要公司有做出成果，誰也不能斷言「那是個問題」。

我們也以為，只要一一處理每個溝通時的小問題，就不會造成大問題。不過，成果至上主義其實有一個很大的陷阱。那就是「只要沒有成果，就沒有任何回報」。

當業績沒有成長，之前累積的扭曲和鬱憤就會像逆向噴射一樣，變得非常明顯。併購的子公司業績不佳。股價下跌，員工認股權不再有能夠激勵員工的價值。再怎麼努力，業績也無法成長。當然，員工也拿不到獎金，獲得的酬勞比預期的還少……

如此一來，員工就沒有繼續待在這間公司的理由。因此人會一個接一個離開。雪上加霜的是，二〇〇六年一月還發生了「Livedoor 事件」，導致股價暴跌，IT 相關企業的股價都受到極大的打擊。

Cybozu 也不例外。我身為子公司的社長，不斷追問負責事業的部長們：為何會出現赤字？能夠恢復業績嗎？如果不能，有沒有辦法削減成本，至少稍微確保獲利？

其實，這個方法就是「裁員」。當事業成長停滯，我漸漸感覺到疑問：用這樣的方法發展或許已經到了極限。

我們再也無法在「為了 Cybozu 的成長」這個冠冕堂皇的目標下，假裝沒有看到員工發洩完不滿就離職，或是罹患疾病，在某種意義上成為「公司的犧牲品」。

這時，發生了一件決定性的事件。在我以子公司社長的身分進行裁員時，有一位員工自述身心不適，決定離職。一年後，我聽到他一個人孤獨死的消息。

我當初是對「公司是公器」這句話有所共鳴，才加入 Cybozu。我想做可以抬頭挺胸，堂堂正正地走在康莊大道上的工作。我想做對這個世界有貢獻，對人有貢獻的，能受人感謝的工作。這是我真實的想法。

然而這個想法，卻帶來了這樣的結果。

我曾經以為「做出成果」就能被客戶需要，能受人感謝。然而，我卻完全缺乏了一個重要的觀點，就是能「做出成果」的員工希望如何工作，如何生活。

結果非常糟糕，不幸，也非常殘酷。這輩子我都必須背負著把那位員工逼上絕路的十字架，繼續活下去。我沒有任何可以辯解的理由。當時的 Cybozu 就是一間貨真價實的黑心企業。

從公司的成果至上主義轉變為員工好做事主義

「我到底在做什麼啊，實在太蠢了……」

真的已經到了無法收拾的地步。我對青野說出了真心話：「我還是想開一間『好公司』。我們再試一次吧，打造一間讓大家都想來工作的公司。現在 Cybozu 母公司的員工大約是一百三十人，要改變還來得及。」

青野雖然按照計畫併購其他公司，擴展事業領域，但他還是堅持 Cybozu 應該回到創業當時的初衷，當一間「群組軟體公司」。

不過，因為 Cybozu 是上市公司，無法避免成果至上主義，所以他壓抑了自己的想法。但我們在討論時決定了幾件事。

「不要再逼迫員工，不再以市值或銷售額全球第一為目標」、「不要再讓員工彼此競爭」、「放棄成果至上主義」。

我們也確認了公司應該專注於創業事業，也就是群組軟體。透過這種方式讓客戶滿意。

過去 Cybozu 使用的管理方法與規則制定，是採自社會上的「好」方法，且徹底實踐。但是，一切並不順利。所以，我們應該回到原點思考。

需要什麼，才能讓 Cybozu 成為大家想來工作的公司，能夠支撐它的制度與管理又是什麼？

我深刻思考了什麼才是「理想的公司」。這就是 Cybozu 回歸到原點，邁向第二創業期的第一步。

我們把目標訂定為「一百個人有一百種工作方式」。

Chapter 3／不了解大家在想什麼，才更應該「閒聊」

放棄領導魅力，試著從「閒聊」開始

再一次重新建立公司的體制。

決定這麼做之後，我第一件做的事是「和所有員工會談」。由於 Office 事業部和 Garoon 事業部的衝突，我們重新審視了組織編制，決定暫時將這兩個團隊整合成為「代理程式（agent）事業部」。

不過，原本這兩個團隊處得就很不好，可以說是水火不容，這種改組當然不順利，也沒有人想出來擔任主管。

當時，我是管理部門的主管，實在受不了經營會議那股火爆的氣氛，忍不住舉手自告奮勇：「讓我來做吧」，結果所有人就像某齣知名喜劇一樣，一致說著「請，請，請」。我就這樣成了代理程式事業部的事業部長。

以人數來說，這個部門有九十位員工，是比較大的組織。在我這個事業部長底下，還有職掌不同職能的部門長，包括開發部長、系統工程部長、行銷部長、營業部長等等，他們都是擁有各領域專業知識的專家。

我以前也負責過財務、人資、管理，還當過銀行員，但對於營業、行銷和開發都是門外漢。決策是由他們和我一起召開的「最高會議」進行。理所當然地，我幾乎什麼意見都沒辦法提出來。

如果我想當個領導者魅力超強的主管，應該要進入各個領域的現場，和業務一起拜訪客戶，學習行銷知識，了解開發的工作並擬定策略。

不過，我選擇做出區別。在某種意義上，可以說是決定放棄。與其現在開始花時間學習技能，不如交給別人來負責。

各位猜猜，當我放棄之後，發生了什麼事呢？我真的就沒有事做了。唯一剩下的工作就是調解糾紛。雖然還不到每天都會發生的程度，但當時真的常常有人起衝突。

於是我發現，這可能代表事業部內的訊息傳達路徑有問題。

當時，事業部的組織結構是這樣的：事業部長是我，我的下面有部門長，再來是中階主管，有的部門下面還有組長，最後是各個員工。也就是說，事業部分成太多階層，導致訊息傳達路徑幾乎喪失了功能。

我只接受幾位部門長的直接報告。我的能力不足也是一大問題，然而，階層越多，報告就越不精細，完全看不到現場的狀況。即使發生了什麼問題，我也只聽到「大家都累了」、「大家都反對」、「大家⋯⋯」這種意見。

我不禁感到困惑。

「大家到底是誰啊？」

即使我問出口，也只會得到「A先生，B小姐，還有那幾個人⋯⋯」之類的曖昧答案。

我看不到每一個人。這就是問題所在。

這時，我突然發現「如果不知道『大家』是誰，我就無法知道『讓大家都想去的公司』是什麼樣的公司」。因此，我做了這個決定：「我要和九十個員工閒聊。」

我當時的行程表

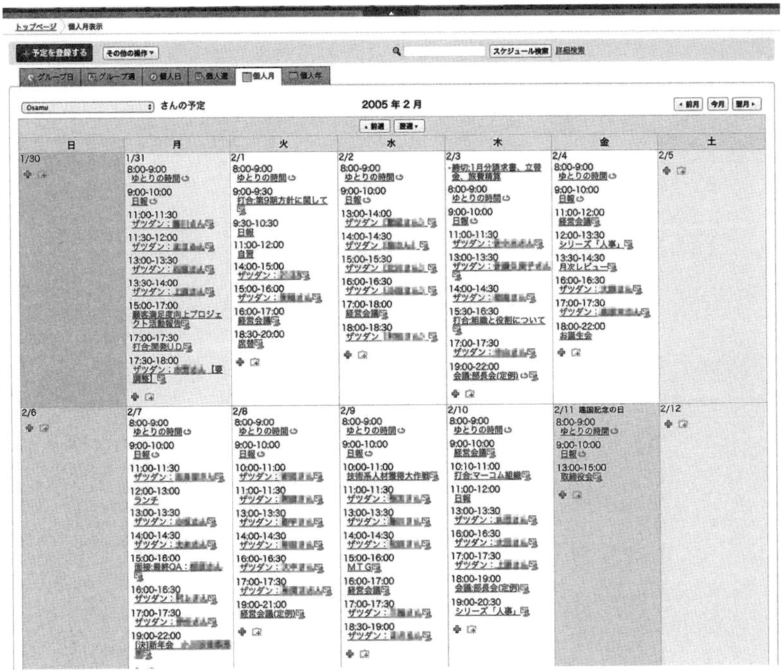
トップページ 個人月表示
予定を登録する
その他の操作
スケジュール検索 詳細検索
グループ日 グループ週 個人日 個人週 個人月 個人年
Osamu さんの予定
2005 年 2 月
前月 今月 翌月
前週 翌週
日 月 火 水 木 金 土
1/30
1/31
8:00-9:00 ゆとりの時間
9:00-10:00 日報
11:00-11:30 ザツダン：
11:30-12:00 ザツダン：
13:00-13:30 ザツダン：
13:30-14:00 ザツダン：
15:00-17:00 顧客満足度向上プロジェクト活動報告
17:00-17:30 打合:開発U.D.
17:30-18:00 ザツダン：【要調整】
2/1
8:00-9:00 ゆとりの時間
9:00-9:30 打合:第9期方針に関して
9:30-10:30 日報
11:00-12:00 自習
14:00-15:00 ザツダン：
15:00-16:00 ザツダン：
16:00-17:00 経営会議
18:30-20:00 席替
2/2
8:00-9:00 ゆとりの時間
9:00-10:00 日報
13:00-14:00 ザツダン
14:00-14:30 ザツダン
15:00-15:30 ザツダン
16:00-16:30 ザツダン
17:00-18:00 経営会議
18:00-18:30 ザツダン
2/3
・締切:1月分請求書、立替金、旅費精算
8:00-9:00 ゆとりの時間
9:00-10:00 日報
11:00-11:30 ザツダン：
13:00-13:30 ザツダン：
14:00-14:30 ザツダン：
15:30-16:30 打合:組織と役割について
17:00-17:30 ザツダン：
19:00-22:00 会議:部長会(定例)
2/4
8:00-9:00 ゆとりの時間
9:00-10:00 日報
11:00-12:00 経営会議
12:00-13:30 シリーズ「人事」
13:30-14:30 月次レビュー
16:00-16:30 ザツダン：
17:00-17:30 ザツダン：
18:00-22:00 お誕生会
2/5
2/6
2/7
8:00-9:00 ゆとりの時間
9:00-10:00 日報
11:00-11:30 ザツダン：
12:00-13:00 ランチ
13:00-13:30 ザツダン：
14:00-14:30 ザツダン：
15:00-16:00 面接:最終QA：
16:00-16:30 ザツダン：
17:00-17:30 ザツダン：
19:00-22:00 [決]新年会
2/8
8:00-9:00 ゆとりの時間
9:00-10:00 日報
10:00-11:00 ザツダン：
11:00-11:30 ザツダン：
13:00-13:30 ザツダン：
14:00-14:30 ザツダン：
16:00-16:30 ザツダン：
17:00-17:30 ザツダン：
19:00-21:00 経営会議(定例)
2/9
8:00-9:00 ゆとりの時間
9:00-10:00 日報
10:00-11:00 技術系人材獲得大作戦
11:00-11:30 ザツダン：
13:00-13:30 ザツダン：
14:00-14:30 ザツダン：
15:00-16:00 MTG
16:00-17:00 経営会議
17:00-17:30 ザツダン：
18:30-19:00 ザツダン：
2/10
8:00-9:00 ゆとりの時間
9:00-10:00 経営会議
10:10-11:00 打合:マーコム組織
11:00-12:00 日報
13:00-13:30 ザツダン：
16:00-16:30 ザツダン：
17:00-17:30 ザツダン：
18:00-19:00 会議:部長会(定例)
19:00-20:30 シリーズ「人事」
2/11 建国記念の日
8:00-9:00 ゆとりの時間
9:00-10:00 日報
13:00-15:00 取締役会
2/12

我決定不勞煩那些忙碌的部長們，也盡量避免打擾員工工作，讓部長們答應安排「每個員工每月一次三十分鐘跟我閒聊」，接著我花了約三個月和每一個員工談話。主管職的頻率比一般員工更高，每週都排一次，時間更延長到一整年。

以一個月二十天上班日來計算，九十除以二十，約是每天都會和四到五人談話，時間大約是三個多小時。

每天，我的行程表上都塞滿了「閒聊」。我非常拚命做這件事，連公司外的人問我「現在的工作是什麼」，我都會認真回答「閒聊」。

藉由「閒聊」改善主管的「視力」

我簡單說明一下「閒聊」到底是什麼。

大部分的公司，報告資訊的途徑都是按照金字塔型的組織，從最底下的員工傳給課長，再由幾位課長傳給部長，由幾位部長傳給本部長。也就是從下到上把資訊收集起來。

相反地，高層的想法與指令會由本部長傳達給幾位部長，由部長再告訴底下的幾位課長，從上到下傳播。

然而，這種「傳話遊戲」真的能正確傳達當事人想表達的意圖與細微的意義嗎？在這個過程中，一定會有或多或少的資訊遺失。能夠把這些掉落的資訊撿起來的方法，就是「閒聊」。

Google與Meta等矽谷公司使用的「1 on 1」也是類似的方法。或許很多人都覺得「閒聊」應該和「1 on 1」很像。

事實上，「1 on 1」是一種溝通技巧，由主管針對員工面臨的業務狀況（有時是私生活），問出問題、煩惱、目標，並由主管進行引導或回饋，將員工引導到更適當的方向。另一方面，「閒聊」名副其實，就跟一般的「聊天」很像。

不需要議程，每個月一次（主管每週一次），一次三十分鐘。話題不是業務報告或專案進度，而是我想了解員工心裡的煩惱，確認他想做的事，掌握他的個性與士氣高低。談話時間很容易不小心就變成「說教」。這是最糟糕的。

我也常常把員工逼問得無處可逃。聽說Cybozu裡流傳著這樣的經典笑話：

「『閒談』的時候本部長一直追問我，根本就是逼供。」

……我自己聽了也覺得很丟臉。因此，我一直告訴自己「不要想改變別人的想法」。

相信有些人會認為「聽到對方的需求或不滿，就必須做出具體的回應」，因而在準備不充分的狀況下就給出建議。充滿責任感，個性又體貼的前輩更容易做出這樣的事。不過，「閒聊」單純就只是「讓團隊成員說話的時間」。

重要的是，這三十分鐘不是「為了主管安排的時間」，而是「為了團隊成員安排的時間」。

如何讓其他人開口說出真正的「事實」與個人的「解釋」？

話雖如此，當主管叫你過去，對你說「我們聊聊吧，你可以坦率一點，說什麼都可以」，你能夠立刻就侃侃而談嗎？應該沒辦法吧。老實說，我也不喜歡這種感覺。

尤其是剛剛開始「閒聊」時，公司正處於氣氛不佳，業績也遇到瓶頸，整個組織都停滯不前的撞牆期。有些人很害怕，擔心「會在一對一的時間被罵」，也有人反對這項安排，覺得「明明有這麼多事要做，為什麼非得在這時候跟山田先生聊天」。說到底，他們對我並沒有好感。

因此，我和他們的閒聊時間當然就會得到「沒有問題」、「沒什麼特別的」這種欲言又止的反應。

這也是理所當然的，畢竟不論他們跟我有沒有直接的利害關係，也會因為「說出來也不會有什麼改變」、「說了某人的壞話可能會造成不好的影響」等等原因，難以說出自己的心聲。

不過，我的想法是「無法說出心聲是很正常的」。正因如此，主管自己和「團隊全員」一對一談話才有意義。

當我不屈不撓，持續詢問團隊成員「最近如何？」、「你在做些什麼工作？」、「有沒有遇到什麼困擾？」之後，有一次，員工A突然這麼回答：「最近，B和C好像有點衝突。」

之後，我和B談話時也有詢問「最近如何？」B回答：「沒有問題，一切都很順利。」我心裡就有了底。

接著輪到我和C談話，當我詢問C「有沒有遇到什麼困擾？」時，C也回答「沒問題。」不過，我已經聽到A說「B和C好像有點衝突」，因此再次詢問：「是這樣啊，你在這個專案跟B共事，有沒有什麼狀況？」

一問之下，C有點吃驚地回答：「原來您已經聽說了。」接著又說：「其實……我想朝這個方向去做，但B好像不贊成，他似乎很難理解我的想法。」我終於得到了新的資訊。

接著，我又在下一次「閒聊」時問B：「這個專案好像有人提出這樣的意見，為什麼你反對？」B回答：「是因為D部長的指示。」

下一步，我就去詢問D部長：「B說這是你的指示，是真的嗎？」D部長的回應是：「咦？我沒有說過這種話啊……可能是他把我的假設當真了吧。原來如此，所以他們最近才會意見不合。」

如何呢？

把聽到的消息像滾雪球一樣一一求證，就會發現很多矛盾之處。無論是不是真心話，無論是什麼樣的意見，背後都會有它的意圖。從上到下用俯瞰的角度觀察，就會發現看到的事物完全不一樣。

即使事實只有一個，也會有一百種解釋。公司裡多多少少都會有這樣的狀況。沒有人會一開始就打開天窗說亮話。所以，我才要和一百個人談話。

沒有什麼「大家」

在我努力跟大家閒聊後，接下來，發生了什麼事呢？

首先，「田中」、「佐藤」等每個員工的名字跟臉都對起來了。接著，我能夠明確看到他們每個人在做些什麼，遇到什麼挫折和困擾，還有他們心裡在想什麼。

然而，革命性的變化是在這之後才發生。「大家」這個曖昧的代名詞，從我的腦中消失了。回想起來，我以前確實都是說「事業部的大家」、「員工的大家」，用「大家」來代稱虛無飄渺的一群人。例如：「大家」對事業部的制度感到不滿。我想打造一個方便「大家」做事的公司。

但是，當我跟他們一一對話，就發現根本沒有什麼「大家」。團隊是由一個一個成員集合在一起組成的。當然，每個人對公司的需求和期待都不一樣。這時我才發現，沒有什麼策略能讓所有團隊成員都高興。不可能有這種策略存在。

我之所以找不到「大家想來工作的公司」，是因為我一直試圖看清楚事實上不存在的「大家」。

當我持續跟員工「閒聊」，傾聽他們每一個人的想法與期望之後，我找到的答案是：該打造的不是「大家想來工作的公司」，而是「一百個人可以用一百種方式」工作的公司。

你會發現「一百個人有一百種自立方式」

舉例來說，育嬰假。按照勞動基準法的規定，育嬰假可以延長到小孩滿一歲半（現已修正為兩歲）。

有一次，一位即將第一次生產的員工問我：「也許到一歲半我還沒找到托育，而且我是第一次生產，實在無法預測會是什麼狀況。如果已經休了一年半育嬰假我還無法回來上班，就一定要辭職嗎？」

聽到這樣的問題之後，仔細想想確實是如此。一歲半的幼兒還很小，送到托兒所也不放心。但是如果因為這個理由而讓她辭職，對公司而言也會造成困擾。既然如此，至少把育嬰假延到孩子進小學，也就是六年。最後，Cybozu 在二〇〇六年改變制度，讓員工最多能請六年育嬰假。

另一方面，也有別的員工提出「我想早點結束育嬰假回來上班，但是必須接送孩子到托兒所，可以縮短上班時間嗎？」當然，如果她想這樣工作，也沒有什麼不可以。

二〇〇七年開始，Cybozu 創造了新的人事制度，員工可以按照自己的人生階段從兩種分類中選擇自己的工作方式。我們設計了「短時間」和「普通工時」兩種選項，讓員工自由選擇。

即使一樣是育嬰假，每個人的想法也很不一樣。接下來，Cybozu 逐漸增加工作時間、地點的選項。

有員工提出「希望一週有兩次能在家上班」、「希望能從事副業」，因此我們在二〇一〇年推出「在宅工作制度」，二〇一二年提出「副業許可」，並於二〇一三年推出「以時間與地點為分界的九種工作方法」。每當員工提出需求，我們就會接受他的工作方式。

到了二〇一八年，Cybozu 改用「工作方式宣言制度」，不再分類工作方式，而是讓員工自由決定、記述並實施自己的工作方式。

提出這些政策的核心思想，是我們認為制度不該「改變」，而是應該「增加」。我們並不是改變人事制度，創造一個多元化職場，而是認為 Cybozu 已經有各種不同的員工，並決定接受員工的多樣化。

聽到「工作方式改革」時，人們常會覺得自己必須肩負重擔著手改變過去的做法，但事實上，Cybozu 只是把原本只有一種的工作方法增加到兩種、九種，最後根本沒有分類。就這樣，Cybozu 出現了「一百個人就有一百種的人事制度」。

〈Cybozu 人事制度變遷綜整〉

- 2006 年～　啟用「育兒、照護休假制」
- 2007 年～　啟用「選擇型人事制度」（兩種）
- 2010 年～　啟用「在宅工作制度」
- 2012 年～　准許員工從事副業
- 2013 年～　啟用「選擇型人事制度」（九種）
- 2018 年～　啟用「工作方式宣言制度」

除此之外，Cybozu 還有因轉職或留學而離職者在六年內可以回任的「進修休假制度」、在家工作制度的進化版「Ultra Work」，以及無法托育時可以把孩子帶來一起上班的「攜幼出勤制度」等等。目前雖然每種制度使用的頻率有差距，但並沒有哪個人事制度因為引發問題而遭到廢止。

當然，一開始我們也遇過各種狀況。公司對於職業婦女的支援越來越多，有一位男性業務員對我抱怨：「為什麼只支援那些媽媽們？」

當時，我反問他：「那你想要怎麼做？」他說：「我沒辦法回答。」我說：「那就別抱怨。」

Cybozu 的目標不是公平，而是尊重員工的個性。這些媽媽員工提出了要求，告訴公司「必須有這些措施，否則我們無法工作」。她們提出了需求，所以公司幫她們實現。但員工不該對其他人的工作方式有意見。

每個人想要的都不一樣。

過去公司的人事制度，替每個人都準備了一樣的體制。即使在工作方式改革中，也常常聽到「不平等」這樣的抱怨。但是，事實並非如此。

制度不需要都是一樣的，只要結果公平就夠了。只要能夠達成一百個人能有一百種好做事的環境，那就夠了。

當 Cybozu 開始實施「一百個人有一百種工作方式」之後，離職率便慢慢開始降低。到了二〇一二年之後，離職率一直維持在4％上下。

那麼，重要的銷售額呢？

我們不再將成果至上主義奉為圭臬，也暫時不再注意銷售額，不過，其實在二〇一二年之後，公司的銷售額一直都是前一年的110％。

為什麼當我們放棄事業成長，放棄「成果至上主義」轉變為「好做事至上主義」之後，還能在業績上有一番成果呢？

我的想法是這樣的：

我們找到了「一百個人有一百種工作方式」

⬅

公司與主管不再逼迫員工按照規定的工作時間與工作方式做出成果，員工必

須思考自己需要的工作時間與工作方式

⬅

「一百個人有一百種做出成果的方法」

我認為，這才是「一百個人有一百種工作方式」的本質。它並不是制度或構造的問題。

發現1
看不到下屬的不滿才可怕，看得到就不可怕了

當我和所有員工持續「閒聊」後，發現了一件事。對於主管來說，最可怕的是「不知道」。也就是「看不到」團隊成員的不安與不滿。

因為不知道，所以會徒勞無功地煩惱。因為不知道，所以推出了不得要領的策略。因為不知道，所以要開的會議和各種討論越來越多。

也有可能因為不知道，所以把所有的工作都攬下來自己做，因此把自己越逼越緊。然而，反覆和所有團隊成員談話後，主管就能清楚「看見」事業部內部正在發生的事實。你會發現自己的視力清晰到令人驚訝。

「我們的部門」、「大家的意見」等等原本曖昧不清的集合體，經過解析度提高之後，主管就能看到A先生、B小姐、C小姐……等每個人的

不同意見。而且，不需要勉強把這些意見統整起來，若能把它們理解成「一百個人有一百種工作方式」，對事物的理解就會更加深入。如此一來，對主管而言，就再也沒有什麼令人害怕的事了。

從前我認為，管理指的是「統率眾人」，讓員工朝著「公司事業成長」這個目標，以整齊劃一的動作前進。但這個想法其實是大錯特錯。

如果一百個人就有一百種想法，那我們一開始就不可能把它整合成一種。不過，只要了解這一百個人的一百種想法，就有可能找到完美解決組織課題的方法。

發現2
團隊「最失常的時候」就是「資訊沒有共享的時候」

另一方面，以主管的立場來說，有一些事會令人十分困惑。

例如「聽到下屬抱怨時，一定要立刻做些什麼」、「我已經很忙了，這下子工作還越來越多」、「聽得越多，只是累積越多的不滿」。正因為有這些不安，公司才不想建立類似「閒聊」的制度。

不過，我認為事實正好相反。聽下屬說話，可以讓多餘的工作減少，也能在問題爆發之前提前處理。員工的不滿，常常是因為「搞不懂」，也就是資訊不充分。仔細查看員工的不滿，會發現除了具體的問題之外，往往有很大一部分都是「我不知道」、「沒人聽我說」、「我的意見沒有傳達到別人那裡」等等。

對士氣低落的員工詢問「怎麼了？你有什麼不滿嗎？」多半會得到這些答案：「我不知道下一季的公司策略」、「沒有達到預估的目標，這樣沒關係嗎？」、「我不懂A為什麼要說那樣的話」、「我不知道那個人為什麼要離職」，或者是「公司方針是這樣，但我沒辦法接受」、「為什麼會變成這樣？我覺得我們好像不受重視」等等。

也就是說，在某處發生了資訊不充分的情形，導致員工不知道、不理解狀況。

發現3

也就是說「資訊徹底公開」就能大量減少管理工作

然而，這樣的不滿，只要「了解狀況」之後幾乎就能完全解決。

當我告訴員工「上個月的經營會議有討論這個議題，詳細內容寫在會議記錄的這一項」，明白說出資訊在哪裡，有些人會立刻露出鬆了一口氣的表情回答：「啊，原來如此，我明白了」。光是「有人聽自己的意見」，不滿就會減輕，並能夠接受「上級沒有隱瞞事實」的真相。

也就是說，在管理員工時，最重要的就是徹底公開資訊。公司或是主管能夠先公開資訊，把這些資訊放在全體員工都能看到的地方，還有，讓這些資訊容易存取。

這些，才是避免無謂增加主管工作的「關鍵」。

「公開公司內的資訊」——不只是Cybozu，現在已經有越來越多的公司選擇這樣的策略。將公司內部的所有資訊公開在群組軟體上，讓它們成為所有員工隨時隨地都能存取的資源。接著讓主管卸下職務與責任，盡量釋出權限。

使用這種管理方式的公司又以IT新創企業為多，其實，這種管理思考原本就很適合工程師。

在工程師的世界，基本上會將程式碼作為開放資源公開，共享技巧與知識，全世界的技術人員都以這種鬆散的方式連結在一起。

正因如此，科技才能以革新的速度發展，實現了「溝通、娛樂與健康管理和電子支付都能用一台智慧型手機完成」。不過，公司的團隊也非常需要這樣的思考。

從第四章開始，本書終於要進入主題：

・該如何減少主管的工作？

・主管最後剩下的真正責任是什麼？

下一章開始，我將詳細説明「徹底公開資訊」的實踐案例，以及支撐起Cybozu式管理的強大關鍵詞「説明責任與提問責任」。

Chapter 4／最輕量管理只有一個原則：徹底公開資訊

在團體戰中，主管的「地位」和「權威」只會礙事

話說回來，為什麼我會建議主管們徹底公開資訊呢？先從結論開始說。

比起「主管自己現在才開始努力學習必要技能」，若能掌握「哪個員工是哪個領域的專家」，在工作進度上絕對能快上許多。

當我成為「代理程式事業部」的本部長之後，便打從心底感覺到自己的無力，發現自己「什麼都做不到」。

我每天都非常驚訝：「咦！」、「現在的程式技術竟然連這種事都能做到！」、「原來現在的大企業有這樣的問題意識！」

其實，我腦中也曾有過「畢竟我是主管，現在開始跟在團隊成員身邊拚命學習銷售、行銷和開發是不是比較好……」的想法。

然而，我能想像自己一定會拖累他們，變成阻撓他們工作的絆腳石。反正我什麼都做不到，乾脆就交給他們吧。

有一句話我會一再強調：主管最重要的工作就是「決策」。因此，雖然我把工作都交給團隊成員，但相對地，我決定當我在決策上有所迷惘時，必須要掌握兩件事：

- 問誰什麼樣的問題，才能得到需要的資訊
- 團隊成員是哪個領域的專家，擅長什麼事

許多主管都很在意團隊成員的策略是否有效率、確實有效果，還有自己的決策是否正確。下決定時，許多人會提出許多不同的意見。有人強烈主張「市場上一定有這種需求」，另一個人卻說「不，我覺得沒有」。幾乎不會有全員意見一致的情形。

這時，我不喜歡單純地採用「多數決」。因為，多數決其實就是「因為大家

都這樣說」，陷入了其實根本不存在的「大家說」謬誤。

重要的不是「人數」，而是「誰」是「哪個領域的專家」，還有「是誰想這麼做」。

在這個前提下，做出「既然這個人這麼說，就讓他來做」、「這個人是那樣想的，就試試看」的決定，才讓我打從心底能夠信任。

為了做出這樣的判斷，就需要徹底公開資訊。

諷刺的是，在過去的金字塔型組織中，其實一直無視了「團隊中的專家們」。這是因為「在上者」的意見最為強勢。

即使某個部門有一位非常優秀的專家，只要他的主管以自己的「地位」為武器，不採用專家的資訊與決定，這位專家就等於「不存在」。結果就是主管只從下屬那裡收集對自己有利的資訊，做自己想做的事。

在團體戰中，「地位」和「權威」只會礙事。

主管說的話，主管的主管說的話……再加上經營者說的話，真的都那麼正確嗎？我可不這麼想。至少，我不認為當一個主管周圍只有唯命是從的下屬，只有聽起來順耳的資訊時，可以做出好的決策。

因此，主管必須做的事只有一件。就是打造一個能徹底公開所有資訊的環境。

最後，無論結果是成功或失敗，主管都必須說「責任由我來承擔」。團隊成員的失敗就是你的失敗。你的失敗就是上司的失敗。上司的失敗就是經營者的失敗。在上者擁有的不是「地位」也不是「權威」，而是「責任」。

公開出差住宿地點，就不會有經費挪用

徹底公開資訊為什麼可以減少主管工作呢？為什麼它會和最輕量管理有關呢？讓我先從小地方說起。

在一般公認為為主管工作的事務中，我認為最沒有必要的，也就是「主管根本不需要做」的，就是「在核章時尋找錯誤」。

舉個小例子來說，當下屬核銷經費時，主管必須檢查下屬的申請內容是否正確，是否有胡亂使用經費，沒有問題時才能核章。當部門成長到有三十人、五十人時，光是檢查核銷內容就需要花費許多時間。這下子，核章也不是小工作了。

結果，主管就只能一張接一張地蓋下印章，很可能無法察覺的弊病，導致之後演變成大問題。就像我在興銀的時候，也必須在稽查前修正好幾份文件一樣。

Cybozu 會將每位員工核銷的經費全部公佈在群組軟體上。因此，如果是出差費用，就能清楚看到誰在哪段時間住在哪間旅館，費用是多少。如此一來，就能馬上看出有些人也去了同一個地點出差，但費用卻比別人貴上許多。

若是故意用「可怕一點的說法」來形容，就是你所使用的經費受到所有員工的監督。事實上，平常當然不會是每個員工都有看。不過，如果有問題，一定會被發現。

使用這種方法後，核銷受到的檢查遠比單獨一位主管的審核多出許多，因此想要挪用經費，難度會比之前高出許多。即使主管不再審核，也比較不容易出現員工試圖挪用經費的狀況。

在眾人面前說謊是件很需要勇氣的事。至少，我可沒有這樣的勇氣。

可以笨，不能說謊

從前，許多組職都根據「性惡說」來管理，監控員工有沒有好好工作，有沒有犯錯，有沒有捏造數字……因此也造成主管的工作量過於繁重。

然而，當遠距工作與在家上班成為理所當然的選項，我們越來越常看到團隊成員並未全員集合在桌前工作。在這樣的環境下，性惡說已經無法適用。

「沒在公司的時間，說不定在摸魚」、「說是公出以後直接回家，真的有好好工作嗎」……主管內心充滿了這樣的不安。

然而，要一項一項確定下屬有沒有偷懶，得花多少力氣？而且，這能算是「主管的工作」嗎？讓我們看看 Cybozu 是怎麼做的。

在 Cybozu，一百個人就有一百種不同的工作方式，因此是在群組軟體上報告出勤與請假。例如：「今天上午在家工作，下午會進公司」、「今天八點半上班，十一點去做複業，下午兩點回公司，下午五點會早退」。

在公司內的聊天室，搜尋某個關鍵詞會出現很有趣的結果。它就是「睡過頭」。搜尋這個詞，會找到許多員工的訊息。

「抱歉，我睡過頭了，十點以後才會到公司。」

「不小心睡過頭了……今天上午會請假，下午才進公司。」

「睡過頭了，沒搭上一大早的班機。我想談談出差去福岡的追加費用……」

在其他公司工作的上班族，看到這樣的對話或許會大吃一驚。我在搜尋過後也忍不住嘀咕：「大家也太常睡過頭了吧。」

Cybozu 非常重視「光明正大」。也就是說，可以笨，但不能說謊。不論是睡過頭還是犯了錯，都不能隱瞞，要老實說出來。同事也不會一開口就斥責你的錯，而是以協助完成業務為第一優先，並思考今後必須怎麼改善，才不會發生同樣的情況。

有一位事業部的部長，對於睡過頭這個狀況在聊天室內留下了這樣的訊息：

有時，各位會因為睡過頭等原因來不及搭乘預約好的交通工具，必須另行安排交通。以下是我針對這種狀況的意見。

- 因工作而出差時，公司不可能讓員工自掏腰包，因此，若發生睡過頭沒趕上交通工具時，請先忍下「闖禍了」的慌張情緒，盡早安排下一班交通工具，以補救工作為第一優先。
- 以前有幾位同仁問過費用的問題。會由公司負擔，這點不用再確認。
- 請向您的主管報告。
- 重要的是，下次該怎麼做才能讓這種情況減少到最低程度。請與上司討論後實行。
- 也需要檢視你的行程與業務是否太過密集。

這段留言在公司內得到了許多「讚」。

主管平常就需要做許多大小事務的決策。例如：簡報資料是否正確、新聞稿文章是否沒問題、經費核銷有沒有錯誤……

星期一上班時，或是從出差地回到公司時，主管的桌子上總是堆滿了等待核章的文件。即使是九成九都已成定局的事項，還是必須蓋章、核准，以防萬一。

徹底公開資訊後，不太重要的事項就會產生相互確認機制，不再需要主管的核可。從經費申請這種小事，到企劃提案、預算申請等大事都有這個效果。

對全公司公開所有資訊，「造假」與「隱瞞」的難度就會提高，其他的部門可能會突然指責「這個金額很奇怪」，也有可能得到「這個企劃若能使用這個系統會比較順」等等建議。也就是說，公開資訊可以將過去由主管獨自承擔的工作分擔出去。如此一來，主管就能將自己的資源集中運用在真正必須優先處理的重要決策上。

不僅減少工作，還可以把管理技能也調低一階

經費精算的案例，單純只是減少與分散主管的工作，但我認為根據公開的資訊種類，可以讓主管把管理技能也調低一階。先讓我們來看看主管有哪些工作。

■專案管理（決定目標）

專案通常都是經營層或本部長對下指派的任務。原本，主管的工作是先「獨自」將來自上級的指示轉換為具體的預算與日期等目標數字，再將其傳達給團隊成員。

不過，在Cybozu，就連「獨自思考的時間」的過程與邏輯都會與其他人分享。來自上級的指示也會盡可能直接公開。還有，需要思考的項目也會公開。這

樣做可以減少員工獨自煩惱的時間。當大家開始討論「這太勉強了，達不到這個數值」、「不，所以……」，還能減少讓團隊成員接受現狀的溝通成本。

當你常常分享思考邏輯，其他的團隊成員也會潛移默化，學習到你的觀點與經驗。當團隊的每一個成員都擁有與主管同等的知識與經驗，就能夠自己做出判斷。如此一來，團隊的決策速度與精確度都能有所提升。

■管理進度

在Cybozu，不論是專案的進度或團隊成員一天的動向，所有能叫做「日程表」的資料都會全部公開。若是你的公司還沒有使用群組軟體，也可以先在團隊內將成員們各自使用 Excel 或行事曆管理的行程填寫到 Google 試算表或 Google 日曆上，並開放所有人瀏覽。光是這樣，就能感覺到效率完全不同。

公開行程後，只要事前訂好「沒有填寫行程的時間就是有空」這條規則，就連繁瑣的「會議日程調整」都會簡單到令人吃驚。事實上，真的常常有「因為不知道團隊成員的行程安排，光是打聽跟調整就花了好幾個小時」的情況。

此外，員工的「目標進度」也是一種日程。將它也公開，就不需要增加會議時間，也不需要再把員工叫出來開會。

留下專案過程的記錄，就能從相互確認中找到哪裡進行得不順利，哪裡遇到瓶頸，怎麼做才能解決問題，能夠進行比舉辦會議更有建設性的討論。

■管理預算

預算也會全部公開。跟個人經費一樣，將想使用預算的理由、預期效果與實際成果都公開，相信將來有一天，預算就不再需要主管的批准。

■管理人才（培育人才）

公開個人的目標，就能避免只有直屬上司才有培育責任的狀態。還可以讓團隊成員自己選擇喜歡的導師，從導師那裡獲得回饋。

比起幾個月和主管開一次會，培育人才更需要的是來自身邊的頻繁回饋。這樣的回饋，比來自高處的主管個別指導更能讓人成長。而且，這樣做還可以讓主管減輕業務，真是一石二鳥。

■管理士氣

當本人想做的事、做得到的事與團隊該做的事一致時，員工的士氣就會升高。因此，當成員都能和團隊分享自己想做的事，大家就能夠理解，也能給予幫助與建議。比起主管獨自管理，團隊的成員都能知道彼此想做的事並互相幫助，更能打造提高士氣的工作環境。

而且，士氣的來源並不是只有自我實現的需求。還有歸屬需求與獲得認可的需求。與團隊共享目標，能夠令人再次找到歸屬感，以及獲得認可的喜悅。

■薪資審定

目標、進度與日程表都公開後，薪資審定也會變得輕鬆許多。大部分只需要瀏覽記錄就好，主管的精神負擔也會減輕。接著，我將詳細介紹 Cybozu 實際公開各種資訊的方法。

Cybozu有八成的經營會議都是公開

在Cybozu，連經營會議都是公開的。

由於經營策略，有一部分的內容無法公開，但除了這些機密之外，約有八成的經營會議基本上是「任何人都能參加，包括新進員工在內」。

經營團隊與管理成員會以一週兩次的頻率召開會議，按照議程討論，而在會議召開的前一天，議程就會公佈，看完議程後想參加的人都可以參加。

或許有人會覺得「太多與會者，決策會很花時間，重要事項就很難決定」。

不過，經營會議最終的決策者還是社長青野。要討論出大家都滿意的結果是很困難的。不過，我們會遵守下列原則：

關於「結束服務的公告」討論記錄

＜サイボウズLiveの終了告知スケジュールについて＞　[redacted]さん

■起案内容
サイボウズLiveの終了告知スケジュールについて承認いただきたい。
（詳細は添付資料を参照）

■議論と意見
[redacted]　：（添付資料P.6）[redacted]さんにあと2か月でやってくれるかはまだ聞いていない？
[redacted]　：はい、これから。

青野　：メール配信は全ユーザーの200万通？
[redacted]　：最初アクティブユーザーだけに。回数をわけないと問い合わせが大変なことになる。
回数はまだ決めてないが分けて出す。
青野　：使っていないユーザーにはライトな感じに。

[redacted]　：インサイダー情報として扱うか疑義が残る。　売上あげていないがユーザーが多い。
いま第2四半期が締まったところで8/10に決算発表。そのあとは通常なら株式売買できる。決算発表からプレスリリースまで株売買を許可するか？
6/30以前はどうだったのかというのはあるが、その段階ではどのサービスに移行するか見通しがつておらず、実際にはあまり決まっていなかった。
しかし、ここまで決まってきたらプレスリリースまでは売買禁止のほうが安全。
インサイダーかどうかは正直わからない。売上と利益にはダイレクトには影響ない。
[redacted]　：東証に聞けば、むこからの立場からするとインサイダーと言うのだろうね。
山田　：それは重要だと思いますかと聞かれるだけ。
社内の議論で言うと、これだけの影響があると体制を整えているというのに重要じゃないというのは無理がある。情報が出たときに市場がどう反応するかが重要。

- 想表達意見的人都可以表達
- 開放員工參加會議
- 有人表達意見，經營層就會聽
- 不過，可能會有「雖然聽到了意見但沒有採納」的情況

重要的是，「誰說了什麼、沒說什麼，全部都會做成會議記錄公開」。這份會議記錄也開放全體員工留言，例如：「為什麼我們的本部長什麼也沒說？現在應該有這樣的問題。」、「青野社長為什麼會做出這樣的判斷？」

如此一來，經營會議的參加者就必須積極討論議題，也必須做出合乎邏輯的決策。這樣青野的決定就會是在「全體員工都看到」的過程中做出的判斷結果。在員工之間也不會有「在我不知道的時候就決定了」、「我根本沒聽說這件事」的情況。

各部門的預算是在公開過程中決定

說到有哪些資訊很難公開，首先就是「錢」。那麼，就讓我們來看看公司整體的金錢，也就是預算是如何決定的。

相信許多公司都是在經營會議中決定預算分配。雖然說是會議，但常常是經營者一個人獨斷專行，例如：含蓄地把在前一年的成績上再加一點，把今年的目標訂為「前一年的103%」，或是鼓勵大家「下一期會積極投放廣告，以兩位數的成長為目標」，又或者是撂下一句「固定支出太高，要減少一點」，無理地要求刪減成本……總而言之，基本上就是高層對下發出指示。

不過，Cybozu的預算設定剛好相反，是由下到上決定。先由各個部門自行設定並提出預算，有趣的是，成本還是會估得比較高，但預期業績卻較低。接著，我們會將各部門提出的預算加起來，得到一個非常誇張的赤字。

我身為經營層，每次都只能一邊喊著「太離譜了」，一邊苦笑。接著，我們經營層就會將這種情況公開，並呼籲各個部門：「現在的預算加起來是很誇張的赤字，公司不是不能接受赤字，如果有值得投資的目標就應該積極投資。不過，不必要的投資就連一日圓都不需要。如果有還能修正的地方，請再試著修正。」

如此一來，大家都知道起點是赤字，而且每個人都不喜歡赤字，希望結果能是黑字，因此會刪減經費，拉高銷售額預期。最後，收支會改善，公司也能獲利。

各部門會認真再次思考「如何才能做出有效率的投資，不讓公司出現赤字」。這些部門運用現場的真實經驗與判斷推估出的數字，一定比起經營層想出來的數字具有更高的解析度。

結果，Cybozu在二〇一六年後連續三期達到銷售額預期，營業收益也增加，兩者都達到目標，公司持續不斷成長。

連員工主動談薪水的過程也公開

還有一種比起公司的錢更難公開的資訊，它就是個人薪資。

其實，雖然不是全體員工都這麼做，但Cybozu也有公開部分員工談薪水過程的案例。

Cybozu提供的薪資是由個人的「市場價值」，也就是「如果該位員工離職去別的公司會拿到多少薪水」來決定。有一次，一位年資十年的工程師來找我談了以下這個問題。說得精確一點，我在個人的Facebook上看到了這樣的留言：

「現在的薪資真的符合自己的市場價值嗎？我沒有打算離職去找別的工作，不過，我試著用了轉職選秀（競標制轉職網站），還是不太懂。Cybozu很重視『光明正大』，卻做不到高透明度的溝通，這樣很奇怪。我認為，如果能收集自己談薪水的知識，在公司內分享，全公司都可以更容易溝通薪資議題。」

對於這段留言，我回覆「很好！我也覺得這樣很棒」，也真的和這位工程師展開薪資談判。內容由他公佈在 Facebook 和 SlideShare 上。Cybozu 的自媒體網站「Cybozu 式」也將這一連串經過寫成報導並公開發布。

公開全體員工期待的工作方式

所謂的資訊，不只有數字與會議記錄。在公司工作的每一位員工「心裡在想些什麼」也是很重要的資訊。

在之前的章節已經介紹過，Cybozu 採用「工作方式宣言制度」，能夠自由決定、寫下自己的工作方式，自己實行。而這份「宣言」，也就是每位員工希望以什麼方式工作，也公佈在公司內的群組軟體上。

舉例來說，像這樣：

- 人資本部　員工N

週一二三四五　09:00-17:00 在公司工作（含出差）

平日可配合至 18:00 左右

有時可在自宅或公司加班（可加班時數約為單月四十小時）

每個月可能有三天左右在家工作

可根據情況出差與假日上班

這算是比較傳統的宣言。接著再看看下面這個人的工作方式宣言。

• 人事勞務集團　員工N

週一二三四五　09:00-18:00 在公司工作（含出差）

下班時間：多為 19:00 點左右

※ 觀看廣島鯉魚隊球賽時，上班時間為 08:00-17:00

這也是非常簡單的宣言，但可以清楚看出這位員工生活的優先順序。接著再看看從事複業的人。

- 行銷本部　員工A

週一二四　10:00-19:00 在公司工作（含出差）

工作日可加班

假日若有急事，請以 Facebook 等工具聯絡

看來這個人一週有三天做 Cybozu 的工作，兩天做複業工作。其他還有週一到週五都在家工作的人，上午在家、下午到公司的人，每天以十五分鐘、三十分鐘為單位調整工作時間的人，還有基本上的工作時間是 10:00-19:00，但備註「有必要或緊急情況無論幾點、幾小時都可以配合」的人。

附帶一提，工作方式每個月都可以調整。例如下個月複業會比較忙，或是廣島鯉魚隊沒有比賽時，都可以改變工作方式。

每位員工宣言的內容各自不同。不過，這都是他們對「我想要這樣生活，因此我會在這些時間、這些地點為 Cybozu 團隊效力」的思考結果。

Cybozu 將這些宣言全部公開，與團隊共享並獲得同意，實現員工希望的工作

方式。即使一樣是「全職工作」，員工們期待的工作方式也各自不同。

有人想早上七點就到公司上班，有人是夜貓子，有人可以加班但無法出差……什麼樣的人都有。將員工期待的小細節也一併公開，業務的分配就會比較容易，也方便團隊成員工作。每個人「希望的工作方式」不同，「想做的工作」也不一樣。

Cybozu 在群組軟體上公開公司內的徵人啟事「工作單」，員工可以輕鬆查閱正在徵求團隊成員的部門。

以下是案例。

- 部門：資訊安全室

主管宣言：我們的資安人才不足！請一起保護 Cybozu 和日本的 IT 環境！

內容：建立資安監控中心（SOC）

SOC 是分析並調查 log，偵測伺服器攻擊與內部犯罪，防止攻擊的組織。

此外，Cybozu還有一種與「工作單」相反的制度：「大人的部門體驗」，可以在一定期間內體驗其他部門的工作。當然，員工也可以在群組軟體上寫下他們想在哪個部門工作，想在那個部門做些什麼，每個人都可以看到。

部門體驗的流程會根據希望體驗的部門工作內容進行，也曾有員工在登錄當天就獲得許可，隔天就開始到別的部門體驗工作。

Cybozu平常就公開員工想做的事，以及部門想要的人才，可以想像在這樣的環境下，公司內部不容易發生人才與需求不符合的情形。只要做到這一點，組成專案團隊時，主管的負擔就能減輕。

若是由人資來決定團隊配置，對主管來說最糟糕的情況就是，人資認為某位員工可以做得到，實際上卻做不到，或是員工本人根本不想做這項專案。

最理想的狀況是，員工能在被安排的團隊裡做自己想做的工作。接著還有「做不到但想做的工作」和「做得到但不想做的工作」，不論是哪一種狀況，只要主管能掌握員工「不想做的事」和「做不到的事」，就能大幅減少溝通所需的成本。

重點1

從「傳達、記住」改變為「尋找、使用」

或許有人會有這樣的疑問，「把這些資訊全部公開，到底有誰會看？」、「連跟我無關的其他部門的人都會看到，這樣好嗎？」、「本來就已經有很多要接收的資訊了，這樣做會讓大腦資訊超載」。

請放心，你不需要把所有的事情都告訴團隊成員，也沒有必要理解每一件事。只需要讓大家能夠存取資訊就夠了。如果只是要「傳達」資訊，其實有好幾種方法。

・直接對話

・留下紙本說明

・寄送電子郵件

不過，使用這些方法，資訊就只會停留在個人與個人之間。和過去相比，現在的資訊分享已經很進步，但如果「只是傳達」，還是會有其極限。

舉例來說，不知各位有沒有這樣的經驗：教導A「銷售額數據要這樣看才對」的隔天，你又對B給了一樣的建議。也就是說，同樣的事情做了兩次。

如果這件事可以用文字記錄在每個人都能存取的群組軟體上，會有什麼效果呢？

當B有疑問時，就會立刻在群組軟體上搜尋「銷售額　怎麼看」。如此一來，就會搜尋到過去做同樣工作的人留下的記錄。看完記錄，就能大致掌握銷售額數據該怎麼看。

Cybozu在進行公司內溝通時，不使用個人郵件，而是盡量將資訊集中在群組軟體上，讓它們成為開創未來的「資產」。利用資訊最有效率的方式，是「尋找、使用」，而不是「傳達、記住」。如果不這麼做，就會引發問題。這個問題就是「大企業病」。

即使Cybozu是提供群組軟體的公司，但就連我們自己都曾經罹患過這種疾病。「大企業病」指的是不同部門與不同團隊間的「隔閡」。

大企業的員工往往不清楚隔壁的團隊在做什麼。事實上，如果沒有問題，知道或不知道都無所謂。但發生問題時，這樣的隔閡就會造成很大的阻礙。

眼睛看不到的隔閡，就是無法取得資訊，還有當你和某人交談時，對方所說的「你怎麼連這都不知道」。不過，只要讓資訊保持在能夠存取的狀態，要不要取得資訊，就是個人的自由。

只要去看，就能知道隔壁的人在做什麼。但沒有必要每個人都知道全部的資訊。我的建議是將資訊儲存在每個人隨時隨地都能存取，且盡量能夠以關鍵字搜尋的地方。

重點2
不要「突然上線」，要先「線下開通」

在Cybozu，坐在隔壁的主管與團隊成員在群組軟體上溝通，並不是多稀奇的事。這是為了讓不在場的其他成員之後打開群組軟體時，能看到這兩人之間的溝通。

不過，什麼都在線上做，總讓人覺得怪怪的。因此，我在線上跟其他人溝通之前，會盡量先在線下和對方一對一直接對話。沒錯，這就是「閒聊」。

各位有沒有這樣的經驗呢？對一個從來沒見過面，或是初次見面時只簡單寒暄過的人，之後要用郵件聯絡時，我們總是會很小心措辭。不過，如果已經和對方見過幾次面，或是一起吃過飯，郵件內容就會比較輕鬆，也能夠順暢地溝通。

與人直接見面需要安排時間，成本也比較高。不過，短時間內可以完全使用五感，是了解彼此的有效方法。你不需要和對方變成好朋友，只要找出「讓彼此舒適的距離感」就夠了。主管和團隊成員的關係也是如此。

可以變熟的人，有些難以相處的人，健談的人，沈默寡言的人……了解對方的個性後，再決定要在線上輕鬆交談，或是簡潔有力地溝通。有些人每天都會留言，也有人在線上話很多，線下卻不太開口説話。還有人「希望能當面談」。「線下開通」可以讓你看到每個人適合的距離感。

有一次，我曾經和 Yahoo 的社內教育機構「Yahoo 學院」校長伊藤羊一先生對談。

伊藤先生在跳槽到 Yahoo 之前，在辦公用品製造商「Plus」與三百五十位員工也有類似「閒聊」的一對一時間。當時，「一對一」這種説法尚未受到矚目。

伊藤先生說了一件事，令我印象十分深刻。

「在某個地方的分公司，我和一位年資二十多年的行政人員對談，他感動到哭著說『沒想到地位這麼崇高的人會願意見我』，後來還告訴我『這樣做應該能讓公司變好』，把他在筆記上寫得滿滿的改善提案都分享給我。」

我相信，這就是沒有目的性的閒聊，讓彼此不受立場與部門的束縛，輕鬆談話帶來的結果。

接下來，下一步也很重要。建立起關係之後，這樣的關係不只停留在閒聊的三十分鐘，之後也會一直延續下去。伊藤先生說：「閒聊之後，我和之前從來沒有接觸的員工，還有其他地區的員工通上了LINE，之後他們會直接告訴我：『伊藤先生，我覺得這個不太好』。」

輕量化管理的意思，並不是把所有事物都捨棄到最小限度。輕量的意思是「輕巧」。

不以「上司與下屬」的關係進行業務報告與進度管理，而是以「個人與個人」的關係，輕巧地深入理解彼此。這樣的相互理解，可以讓你將員工在高效率的工作中產生的「不滿情緒」，以及「如果能這樣就好了」的「想法」，一一撿拾起來。需要建立的就是這樣的關係。

效果1
公司裡不再有不必要的「揣測」

像這樣徹底公開所有資訊之後，不只主管的工作變輕鬆，還有其他好處。

那就是公司裡不必要的「察言觀色」和「揣測」都會消失。相信各位也遇過這樣的情況：

- 業務量很多，很希望有人來幫忙，但是因為不知道彼此的工作狀況，擅自以為「大家應該都很忙」

  ➡結果就加班了

- 「會議氣氛很差，就決定選這個吧」

⬇沒人喜歡的提案通過了

如果團隊成員的行程表是公開的，或許你就不用加班了。如果會議記錄是公開的，你還會做出這樣的判斷嗎？

「如果說出這句話，會危及上司和我自己的立場」、「過度體貼」……這些狀況會讓整個團隊漸漸無法接收到真實的資訊。結果會讓決策的精準度慢慢下降，推行的策略成功率低，還加上「大家一起努力一定會有辦法」這種精神喊話。

如此一來，主管根本就成了「穿新衣的國王」。本人當然有問題，但團隊成員也有問題。所有的事情都不會順利。

保持「光明正大」，就是讓團隊好好發揮功能的大原則。

目前，我在美國的公司也以「光明正大」為目標，但美國比日本更加抗拒「公開資訊」。

源自美國的通訊軟體和群組軟體很多，因此我之前想像美國應該是以資訊的徹底公開為標準法則。

事實是，美國還是跟日本多數的公司一樣，主要使用電子郵件，以金字塔型結構收集資訊，讓高層做出決策。在某種意義上，美國比日本更加信奉成果至上主義與個人主義，公司不信任員工，員工也不相信公司。只要一句「You're fired!」就能立刻開除員工並禁止存取所有資訊。

當我在美國的公司使用和日本一樣的方法，公開員工使用多少交際費用和誰吃飯，使用多少住宿費用住在哪裡，員工説他們很困惑：「在日本這是理所當然的嗎？」

對於這個問題，我是這麼回答的：「在日本，這也不是主流的管理方式。不過這就是我們的方法。公開資訊不但可以保護我們自己，還可以幫助周遭的人。團隊的效率也會提高。」

我相信，千禧世代和Z世代的年輕人，應該都特別有共鳴。

效果2
員工都能理解主管

過去的組織讓主管背負了太多責任。雖然，讓主管背負一切的必然是「高層」，也就是經營者。但是，同一個團隊的成員也在不知不覺間對主管有過多的要求。

主管必須培育下屬、維持員工的士氣、指導下屬順利完成工作。除此之外，還有達成團隊目標的責任。而且，團隊成員都是不同的個體。有些人年資比主管還長，有些人很好溝通，還有些人不好溝通。

管理各具特色的團隊成員，給予引導和教育，管理專案，有時還必須學習自己既沒有經驗也不擅長的技能，再指導團隊成員，發揮領導者氣質，甚至自己也有必須達成的績效……光是用想的就讓人胃痛。

主管必須負起最後的責任，這點不會改變。不過，以上這些都是主管一個人該背負的工作嗎？讓我們試著改變視角。

主管希望下屬獨自把煩惱放在心裡嗎？還是希望他們能在遇到問題時盡快找自己商量呢？當下屬找你商量時，你會不會有點開心呢？

我想，下屬也有一樣的感覺。

身為主管，不知道的時候就說「我不知道」。沒有自信的時候就說「我沒有自信」。做不到的時候就說「我做不到」，接著和下屬商量該怎麼辦。

主管需要的不是「從清水舞台跳下去」[4]的勇氣，而是「說出自己不敢從清水舞台跳下去」的勇氣。我們沒有必要成為什麼都做得到的神。

對自己的決策越有自信、還有越是努力激勵自己、維持自信的人，

4 日本民間傳說從清水寺的清水舞台向下跳，就能實現心願。引申為無懼死亡，奮力一搏。

越沒有這樣的勇氣和決心。因為不想聽到別人說「你連這種事都不知道嗎？」、「你這種人是怎麼當上主管的」、「我無法再相信你了」。

不過，「你不知道」這個事實，對於你對團隊成員來說，也是很重要的「資訊」。如果你不知道的事，其他成員知道，在一個正常的團隊裡，其他人應該會願意教你。

請再試著回想一次。從今以後，主管將不是「地位」而是「職務」。而且，這個「職務」就是「決策」。或許僅僅因為這份責任，所以你的薪水比團隊成員高一些。

不過，這並不代表你比其他團隊成員「偉大」或「聰明」。我希望主管以外的其他成員也能理解這一點。

所謂的團隊，指的是「成員在兩人以上，擁有目標，並努力一起達成」。如果只有主管一個人背負著重責大任，那就讓團隊來分擔。希望整個團隊能夠接受主管的勇氣與決心。

效果3
每個人都會擁有主體性

在網路時代之前的「個人戰」時代，公司不需要員工擁有主體性。只要有一個領導者，事業就能成立。

在我還是銀行員的時候，有的王牌業務員會一手包攬所有好客戶，有的同事能以異於常人的速度分析數據、處理文件。這些人以「個人」的身分使用專屬自己的資訊與技巧，發揮能力。他們還能藉著「獨占」資訊，取得優勢，出人頭地。

不過，現在的社會已經到了「團體戰」的時代。從企業管理的觀點來看，客戶資訊是以系統來管理，只要使用各種軟體與應用程式，無論是誰都能完成文件處理與數據分析。

相對地，現代需要的又是什麼？一言以蔽之，是「共享」的能力。橫跨各個部門與外部合作夥伴的討論與溝通，立刻提出點子，做出試作品，從各種品質控管單位取得回饋，再做出新的假設……，也就是說，和許多人一起進行的「團隊合作」越來越重要。

公司裡一定有很多比你我還聰明的人。公開資訊時，這些人就會瞬間想到許多新點子。將資訊切割成片段，或許會扼殺這些人的主體性。

若你覺得「一個人做比較快」，那麼你身處團隊中已經沒有意義。自己一個人能做到的資訊收集範圍有多窄，大家都知道。然而，一百個人就有一百種觀點、興趣與關注議題。從古典到新流行，將廣範圍的知識組合起來，才能激發出引領熱潮的創意。

以前，我曾經和在長野經營麵包與日用品店「wazawaza」的平田遙香女士對談。

平田女士在一九九○年代後半的網路時代黎明期曾經擔任網站設計

師，她的哥哥曾找她幫忙製作網站。

平田女士的哥哥是一位量子力學的研究者，將自己的研究全部作為開放資源放在網站上。他是這麼說的：「把我的研究公開給全世界的研究者看，量子力學的研究就會加速。」

他並不想把研究當成自己的功勞，而是期待將它和各種不同人的智慧組合起來，讓研究本身再次進化。

平田女士在經營「wazawaza」時，也刻意將石窯的設計圖、店面營運的方法、經營策略、銷售額的改變等各種數據與知識全部公開。聽說她曾收到遠自德國來的郵件，詢問「修理石窯的詳細方法」。

當每個人公開自己擁有的資訊，想要這些資訊的人就會聚在一起，有時還能從這些人身上得到其他資訊。建立施與受的資訊共享後，這些養分能培育出新的創意。

「交給你了」與「放任」的不同

如果有自己做不到的工作，就交給團隊裡的專家去做。不過，常有人問我「這不就是放任主義嗎？」我認為「交給你了」與「放任」有明顯的區別。

決定性的差異在於你是否會負起責任。成功了，是團隊成員的功勞。失敗了，是主管的責任。差別就在這裡。

「放任」其實比較偏向「放著不管」。把課題交給團隊成員，說聲「拜託你了」，之後只看數值報告，就覺得自己掌握了一切。不知道成員遇到什麼樣的挫折和煩惱，只會在失敗時斥責：「你怎麼會做不到？」

如果這樣的主管還會在你成功時搶功勞，那就真的太糟糕了。

不過，若主管會「負起責任」，態度就會完全不一樣。每個人都討厭失敗，因此主管會盡量掌握下屬是根據什麼樣的資訊做決定，藉此提高成功率。

除此之外，還會盡量支援下屬，分享自己的知識與技巧，在下屬感到迷惘時提供選項，或找人來支援。

說到底，主管最後的工作其實是「道歉」。一切順利時，根據決策推進專案，對下屬說「幹得好」就是主管光鮮亮麗的工作。然而，有時事情會不順利。這時，最不該做的就是過河拆橋。團隊成員都已經盡力了，主管卻還把失敗的責任推給他們，這真的令人受不了。

不順利時，就好好道歉，告訴下屬：「對不起，這是我決定的，責任在我身上。」這種主管帶領的團隊，成員一定能放心好好工作，迎接挑戰。

不過，其實我個人不太喜歡「交給你了」這句話。因為我覺得「交給你了」帶有太強的「期待」。有些人會因為受人信賴而更有幹勁，所以這可能真的是我個人的感受。

不過，我也不太喜歡「信賴」這個詞。看到這裡，或許有些讀者已經發現，這本書幾乎沒有使用一般管理書籍常常提到的「信賴」與「互信」。「信賴」與

「背叛」是互為表裡的。而且，如果主管常常對你說「我很信賴你……」，感覺不是很多餘嗎？如果是真正令人尊敬的主管就算了，根本沒什麼交情的主管說這句話，只會讓人覺得「饒了我吧」。

所謂的信賴，常常只是單方面的一廂情願。

稍微改變一下話題，我加入 Cybozu 是二〇〇〇年的二月。我的孩子在前一年出生。

我有時會覺得只有十幾個人的 Cybozu 的發展，和我養育孩子的過程其實是類似的。我和妻子討論孩子的未來時，有時候會吵架。妻子會質問我「為什麼不能相信孩子」。

但我是這樣想的，「孩子就是會背叛父母」。

為什麼我會有這種乍看之下「很冷血」的想法呢？其實，我們父母總是會有「想把孩子養育成這樣」的思考，不知不覺間就會強迫孩子接受我們的想法。例如：讀書方法、升學目標，更瑣碎的還有晚上幾點睡，早上吃不吃早餐等生活態度。父母該管理的界線到底在哪裡，從哪裡開始是我們可以認同、信賴的個人想法呢？

我的想法是這樣的，不論是父母選的，還是孩子選的，機率和短期成果雖然會有差異，但必須到最後才會知道正確答案。如果還不知道結果，比起是否相信，更應該思考的是「是否接受」。接受這個孩子，接受這個人的做事方式。父母和主管可以說出自己的想法，但不應該束縛子女和下屬的做事方式。

你「相信」對方會回應你的期待，那麼，如果那位下屬的績效沒有達到你的期待，就是「背叛你」嗎？應該不是這樣的。主管該相信的是「每個團隊成員都已經盡力做到最好」這個事實。就和相信孩子們會讓自己的人生朝著好的方向前進一樣。

Chapter 5／大部分的問題都能用「說明責任」與「提問責任」解決

主管有「說明責任」，團隊成員有同等的「提問責任」

主管的工作是徹底公開資訊。在前面的章節已經說過，讓徹底公開的資訊發揮效用，就能更加減輕主管的工作。

為了達成這個目標，在 Cybozu 內部有兩個使用頻率僅次於「早安」的詞，它們就是「說明責任」與「提問責任」。

一般會聽到「公司盡到說明責任」這種說法，但或許「提問責任」這個詞聽起來有些陌生。所謂的提問責任，其實單純只是「有不知道的事就問」而已。

有一次，我突然發現一件事：「即使我想盡自己的說明責任，但是團隊成員如果不說出他到底有哪裡不懂，我也不知道自己該說明些什麼。」

而且，每個成員想問的事都不同，也就是說，每個人想知道什麼，覺得哪些事無所謂，都是不一樣的。主管根本不知道對方到底是否需要，就對「全體員工」全部說明一遍，效率未免太差了，而且根本沒有打中目標。

舉例來說，當公司想要推出新產品時，其他部門的員工出現了這樣的意見。

「跟之前的產品沒什麼關係，根本就不會成功吧？」、「好像是社長堅持要做的……真的搞不懂在幹嘛。」

新橋的烤雞肉店常常可以看到這種前輩和後進一邊喝酒一邊抱怨的場景。這種事情真的很常發生。負面八卦和私底下的壞話，都會以「大家都反對」、「大家都不覺得會順利」等等「模糊的團體」為主詞流傳。

「大家」給人一種模糊不清的感覺，受到它的影響，負面的氣氛會在公司內蔓延。接著，主管也會感到困惑，心想「也許員工是這樣想的，那我就這樣回答吧」，根據自己的臆測做出說明。

結果，專案做得虎頭蛇尾，或是實行了焦點模糊不清的策略，也不知道有沒有效果，總之事情就這麼結束了。實在很徒勞無功。

事實上，之所以會有小道消息和私底下的壞話，就是因為資訊不足。既然如此，還不如從頭開始就公開所有資訊，如果有不懂的地方，不要竊竊私語，而是負起提問責任，直接問出口。有人提問時，主管就會負起說明責任，回答問題。這樣對彼此來說都比較輕鬆。

這才是「光明正大」的關係。

對於團隊成員來說，問了也沒意義的事情，就可以不用問。

如果沒有提問責任，主管就太辛苦了

Cybozu之所以會一直倡導「提問責任」與「說明責任」，是因為如果不主張員工有提問責任，主管就太辛苦了。

為了讓溝通順利並提高員工士氣，過去Cybozu嘗試過各種不同的管理方法。例如，在群組軟體上開設「祕密諮詢窗口」、「社內通報窗口」等人資熱線，設計可以和社長或我直接見面討論的「便當午餐會」，舉辦研習與工作坊等等。

我們提供了所有可以想到的方法和空間，盡量讓員工能夠直接提出疑問，陳述意見。然而，不滿和鬱悶還是像海底淤泥一樣不斷累積。

當我每次和走到最後一步，終於提出離職的員工面談時，總是會感到後悔。為何他們沒有早點把這些事情告訴我呢？明明還有別的方法可以解決。

每次我都感覺到這是我的責任，如果我能再多用言語說明，說明得再仔細一點，或許就不會是這樣的結果。不過，我並不是超能力者，我也感覺到了自己的極限。

如果員工不告訴我，我怎麼會知道？想要防止這樣的狀況，就得重視「提問責任」與「說明責任」。

相信各位也曾聽過主管說「如果有不懂的事情儘管問」，不過，你聽了之後真的有發問嗎？相反地，若你是主管，當你對下屬說「有什麼事儘管問」之後，有人真的開口嗎？在這裡，欠缺的是「自己也有提問責任」的自覺。

提問責任與說明責任的關係建立起來以後，如果團隊成員不提問，主管還會說：「為什麼你不提問？」

當然，如果是沒有興趣或與自己無關的事情，員工也有「不提問」的權利。顧及成員的主體性、自立等觀點，我也告訴他們「若你希望現在的職場環境更加理想，那麼你有提問的權利，也有不提問的權利。你可以自己選擇。」

對於主管的「說明責任」，Cybozu 主張將疑問或問題放著不管的團隊成員也有責任，為了讓大家理解這一點，我們稱這種責任為「提問責任」。某種意義上，這也算是主管對團隊成員的「責任轉嫁」。

不過，比起在「大家」和「或許」這種曖昧的說法中不知所措，「有疑問的人開門見山地提問，主管直接說明」，更能帶來有建設性的深入討論，讓一切往前進。如此想來，主管最大的工作是「決策」，而這樣的互動也可以說是提高決策品質的方法之一。

不過，有一點我要說明。有些公司會把「提問責任」無限上綱，解釋成「員工要具備經營者的觀點」、「希望每個人都能發揮創業家精神」。

Cybozu 並沒有期待所有的員工都成為獨立行動的人才，在職場上大放異彩。我們認為，公司裡可以有各種不同的人。

有些人擁有創造新事業的創業家個性，也有人決定要做之後就會冷靜踏實地執行。在 **Cybozu**，也不是所有的員工都會提問。當然，每個人會有的疑問也不一樣。不過，如果公司已經擁有隨時都可以提問的企業文化，那就夠了。

在大家看得到的地方提問與回答

我在演講分享這些經驗時，有一位聽眾舉手發問：

「你說上司有說明責任，現場員工有提問責任，但我覺得這是在上司接受問題，下屬接受說明的前提下才能成立。如果上司要下屬發問，卻以強辯的方式迴避問題，誰還會想發問呢？這種狀況其實常常發生。我想問的是，該怎麼做才能培養出『彼此接受對方意見』的關係。」

這是個很棒，也很嚴苛的問題。

當時，我是這樣回答的。

「不可以在『密室』問答。當你在個人的面談等等只有自己和上司在的空間，也就是『誰都看不到的地方』提問，問題就會被迴避。不過，只要在大家都看得到的地方發問，就沒有那麼容易可以逃避。」

不僅是線下的「密室會談」適用這個準則，就算是線上也一樣，從一對一的觀點來看，私訊也是一種密室會談。

然而，在群組軟體上，也就是「在電腦上的公開空間，大家都能看到的地方」提問，結果又是如何呢？如果上司隨便回答，答案的內容很敷衍，那麼大家都會知道。

當你覺得「這很奇怪」卻忍著沒有說出來，不知道告訴上司之後，上司會怎麼想，因此感到不安。或是跟一位上司說過之後，對方卻沒當一回事。這一定是因為這一定是因為你釋出資訊（疑問或提案）的方式不夠明確。

如果你覺得一件事奇怪，應該把它公開，讓它更廣為人知。如果只對上司公開，就會形成密室，或許這個問題就會被迴避。

若是如此，不如對更多人公開，創造能讓上司回答的環境。營造讓公司無法逃避說明責任的情境，是很重要的一點。

我自己以前也有慘痛的經驗。

在Cybozu，真的是所有員工都會指出你的不合理。當員工說：「請問這個回覆是什麼意思？」我就必須負起說明責任。

實例1

打西瓜時，可以在西瓜上寫競爭對手的名字嗎？

不希望各位誤會的是，提問並不是為了把主管逼入絕境，也不是用社會性的力量威脅主管。當大家能共享疑問與提案，人就會修正自己的態度。

如果大家感到困擾，那麼主管應該也在困擾。因此，才要將問題公開，大家一起思考如何解決。

在每個人都能參加的公開場合溝通，就能在最初只有一對一的觀點中加入各種不同的觀點。有時，其他的團隊成員也會加入，引發一場討論。透過這個過程，可以深入理解公司的意圖、主管的思考和團隊成員的想法，有時就會出現改善狀況的提議。在這裡出現的提議，因為過程已經全部公開，就不需要再分配時間一一向眾人說明。

Cybozu 也有這樣的案例。將近十年前，在大企業用群組軟體「Cybozu Garoon」版本升級時，舉辦了公司內部的開工活動。

合作企業也來參加，當天有表演節目和座談會，慶祝了一番之後，公司內的留言板也滿是祝福的留言。在歡樂的氣氛中，有人貼了一張活動的照片。

照片中有一顆在「打西瓜」活動中被打出裂痕的西瓜，仔細一看，這顆西瓜上寫著我們競爭對手的群組軟體名稱。

一位員工看到這張照片後，留下了以下這段留言。

2010 年 08 月 18 日（三）22：18

Garoon 開發團隊的各位

真的辛苦了。

相隔五年的版本更新，加上大幅度重新調整驗證體系，我身為業務也非常雀躍。之後，我會盡全力努力把它賣出去。關西也有許多客戶和合作夥伴很期待這次的改版。我相信我們能回應，也必須回應這樣的期待，我會努力加油！

不過，雖然在這歡樂的慶祝氣氛裡，說這樣的話或許有些多餘，但我對以下這件事感到有些疑問。

我人在大阪，並沒有參加慶祝活動，也完全不了解會場的氣氛。但是我看到這張照片以後，總覺得不太對，明確來說，是我覺得有點難過。

我想，打倒○○公司是各位的想法，我也理解這是團結一致想取勝的意思。

不過，我認為這並不光明正大。

（如果這和青野社長的光明正大定義不一樣，我很抱歉。）

大家對於○○公司的想法都是一樣的。

那種不甘心的心情，也是一樣的。

所以我個人認為，更應該堂堂正正對決，取得勝利。

很抱歉在留言板滿是祝福留言時留下這篇澆冷水的內容。我知道我不了解現場的狀況，還說這出這些自以為是的話，通篇也都在解釋自己的想法。不過，我並不是想要批判。

我想有些人看到我的留言會不舒服，真的很抱歉。

不過，還是希望各位能理解有人有這樣的感受。

「說這樣的話或許有些多餘……我覺得有點難過。應該是以想『打倒○○』為目標團結一致，但我認為這種做法不太『光明正大』。」

這是一位在大阪工作的員工，他並沒有參加在東京舉辦的活動。不過，他看到了那張照片，並以非常冷靜的立場對玩得有些過頭的現場氣氛提出了勸戒。

我對於他的留言引發的討論非常感動，我自己也寫下了這樣的留言。

「Cybozu想做的是『讓客戶的工作更方便』，而不是毀掉競爭對手。確實我們常會為了讓團隊的方向一致，而把競爭對手明確列出來，不過，太過頭的表現方式會給人迷失目標的印象，反而讓大家的方向產生落差。你的留言讓我們發現了這點，是很寶貴的指正。我想到之前的狀況，現在我們已經是可以討論這種話題的公司，更讓我感覺到團隊的成長。」

實例2

新進員工戴著耳機工作，可以嗎？

最近還有另一個讓我印象深刻的討論。有一位新進員工在研修中，用耳機一邊聽音樂一邊工作，有一串討論串在討論這件事是否恰當。

A：業務部的同事對於聽音樂工作這件事提出了意見，質疑「這樣可以嗎？」我想，以認同多元性這一點來說，戴耳機工作應該是可以的，不過，讓戴耳機的人了解到「有人有這種質疑」，對他來說也很重要。該怎麼辦才好呢？

B：我並沒有告訴他「工作時不可以戴耳機」，確實應該要告訴他。

在工作時，彼此都多一點體貼，注意讓彼此都能舒服地工作，希望能讓他知道這件事的重要性。

C：我認為除了本質上工作方式以外的指正，都不需要。當然，在會議中是不可以戴耳機的，但他是在單獨作業時戴耳機吧？或許他是因為一邊聽音樂一邊做事可以提高效率，才會這麼做。如果這種事也要一一指正，他會成長成什麼樣子呢？我認為與其事前訂一堆規則把人綁住，不如先讓他試試看，如果有什麼問題，再訂成規則會比較好。

D：個人贊同C的意見，如果戴個耳機就要被糾正，感覺不太舒服。在開發部，邊聽音樂邊工作是很普通的事。對新人說「有人覺得你戴耳機工作怪怪的，我也覺得怪怪的」，不就是讓他覺得「不可以邊聽音樂邊工作」嗎？

E：我想告訴他的不是「不可以邊聽音樂邊工作」，是「看到你戴耳機，有些人會覺得不妥」。我想這才是「認同多元性」的第一步。告訴他之後，如果他說「這就是我最能集中精神的工作方式」，我們就認同。如果他本人沒那麼堅持，或許會覺得「啊，這樣好像不太好」。因此，希望A能不要用「上級指示」的語氣去說，而是提醒新人能想一想這件事。

F：如果要跟新人說，希望能在公開場合把來龍去脈都全部告訴他。如果是口頭或非公開的場合，總是會有「前輩導師VS.新人」這種上下關係，新人也會覺得你是在說「不可以戴耳機」。我希望新人們能夠知道前輩也有各種不同的意見和想法，最好能把這裡的討論內容都告訴他們。

A：謝謝大家提供各種意見！我個人覺得戴耳機工作沒有問題，但我想如果能讓新人知道有人認為這樣不妥，對彼此或許會比較好。大家的想法都不一樣，也能互相理解，也會掙扎。有人會覺得告訴他比較好，也有人覺得公司認同多元化，工作方式是自由的。這種掙扎，一定也會讓新人成長。如果能夠認同彼此的多元，那就應該要說出來。我並不是因為他是新人，所以要跟他說不能戴耳機。大家的工作方式都不一樣，不同職種當然也有不同的文化。但是大家的目標都一樣，希望能相互理解，讓彼此都能成長。所以，我會先試著自己戴上耳機工作。

G：雖然A收尾收得很漂亮，但容我多說一句，真的有必要講嗎？也有人覺得工作到一半去抽菸兼休息不好，也有人覺得工作中吃零食不好，但這些人都沒有去和抽菸、吃零食的人說「我覺得你這樣不好」吧。我認為去跟新人說這件事，結果只會讓新人心裡不舒服。雖然提到多元化，但其實這件事只是刻意把自己的好惡說出來，我覺得用多元去概括這件事不太對。

如何呢？大家的想法都不一樣，完全看不出來最後會是什麼樣的結局。

或許有人會對他們這麼認真討論一件小事感到驚訝，不過，看到溝通的過程，應該能感覺到 Cybozu 有各種不同的員工，大家都在具有主體性的狀態下思考公司的事務。

這段溝通過程也完全公開在群組軟體上。

最後，這位戴耳機的新人員工給出了這樣的意見：「與其演變成這種大事件，不如直接當場光明正大地告訴我。」

對於他的反應，我也有被將了一軍的感覺。這就是 Cybozu 想到的「光明正大」。

能提出問題的獨立成員，會讓主管與團隊更加輕鬆

不過，Cybozu 員工的提問責任，有時真的會讓我大吃一驚。

當我在寫這本書時，新人們對我的推特突然提出了否定意見。例如「照片充滿了昭和古早味」、「個人簡介寫了太多沒有意義的資訊」等等。

確實如他們所說，我就是個昭和年代的中年大叔，也沒有什麼美感，因此乾脆委託他們幫我設計。於是他們一一指定「大頭照用這張」、「既然你人在美國，背景就用舊金山的照片吧」……我只能聽命。

接著，這件事在推特上造成話題，短短幾天，我的粉絲就暴漲三倍，我以為只是巧合，結果連 Cybozu 的股價都漲了，真令我驚訝。

當我們學校畢業剛進公司，還有跳槽到新公司時，總會覺得「要先低調一點

免得被盯上」、「要先把自己的工作做好再提出改善建議」，不過，Cybozu 的員工只要在公司內發現課題，就會自己採取行動，告知人資與主管。

這是因為 Cybozu 平常就徹底公開資訊，讓員工擁有「每個人都可以發言」的心理安全感。Cybozu 的公司文化是，在公司的群組軟體上，除了直接的業務進度外，也可以像平常發的個人推特一樣，把自己的煩躁情緒寫下來。

有一天，新人員工說自己「業務管理做得不順利」，前輩們看到了，開始分享自己的業務管理方法，最後還決定「舉辦業務管理讀書會」。

相反地，請試著想像沒有「提問責任」的公司會是什麼樣子。主管必須自行察覺會讓下屬感到不安的所有事情，如果沒有發覺，下屬就會抱怨「那個人什麼都不懂」。

但如果一個團隊有「提問責任」，主管就可以說：「當你覺得不安時，請告訴我」。如此一來，主管就不用再過度保護團隊成員，而是由成員們自己思考「我對什麼事感到焦躁」、「我的困擾來自哪裡」，並採取行動。之後，主管只要充分依靠身邊的團隊成員就夠了。Cybozu 將這樣的狀態稱為每個人都能「自立」。

在公司的自媒體「Cybozu 式」上曾刊登過，精神科醫師熊代亨說，「自立其實是一種巧妙的依賴」。「提問責任」就是讓每個團隊成員創造出巧妙依賴團隊的「自立」狀態。

為了扛起說明責任，主管必須「寫、寫、寫」

在介紹團隊成員的「提問責任」後，我想說明主管該如何盡到自己的「說明責任」。

我的答案是「寫、寫、寫」。

其實，在我開始跟團隊成員「閒聊」時，也踏出了寫部落格的第一步。在「閒聊」中出現了各種話題，例如「這個制度的目的是什麼？」、「這是什麼意思？」等等疑問。

對於這些疑問，我會當場回答，不過還是逐漸累積了一些「希望大家都能知道」、「有很多人都重複問過」的問題。因此，我開始寫給公司內部同仁看的部落格，而且還決定「既然要寫，就每天都要寫」。

之後，我的行程表上加了新的排程，每天早上八點開始到九點是寫部落格的時間。每篇文章的內容都不一樣。在新人進公司的時期，總會聽到前輩們說「要好好跟人打招呼」。這時，新人就會問我：「為什麼一定要打招呼？」

有人問我，我就一定要答，因此我回答：「因為你是新人。打招呼是社會常識。」之後又被追問「為什麼新人就一定要打招呼？」，我心想「不是因為你是新人才要打招呼，是因為打招呼很重要。所以前輩跟主管也應該要打招呼才對。以後不可以只叫新人打招呼」，接著就把這樣的想法寫在部落格上。

我在部落格上以各種角度書寫，從這種比較柔軟的話題，到「主管扮演的角色」、「怎麼負責任」等等工作的本質議題都有。

過了一陣子，團隊成員開始會跟我說「關於你寫在部落格上的那件事……」、「我看那了那篇文章，我的想法是……」。

也就是說，當我在部落格上盡了說明責任，團隊成員也會更積極承擔提問責任。這就是在公開場合提問與說明帶來的好處。

我心想，除了公司內部之外，如果日後可能進入Cybozu工作的人也能看看我的部落格，或許就能減少徵人時的問題。因此第二年開始，我將部落格改成「marubozu 日記」，並對外界公開。

「書寫」可以讓人變得踏實。

想到每天都要寫下「想告訴別人的事」，我就一定得好好整理自己的思緒。生活也會產生緊張感，閱讀量也會增加。每次書寫都能感覺到「原來我的想法是這樣」，自己的思考也越來越清晰。

雖然就像烏龜走路一樣慢，但我能夠感覺到自己每天都有累積一些東西。我想，當主管的人平常也都有讀書，參加研習，以各種方式獲得知識。不過，得到知識之後，有再去解釋、咀嚼，並將它輸出嗎？我認為各位做得不夠的不是輸入，而是輸出。

部落格是一種剛剛好的訓練，也是一種和團隊成員保持剛剛好距離感的輸出。雖然是為了傳達一些訊息才寫的，但寫部落格並不是擺出高壓架式叫別人聽你說話。不是強制閱讀，而是想讀的時候再讀就好。我認為這樣的方式剛剛好。

課題要攤在陽光下，一個人憋著不說只會越來越糟

主管沒有時間寫部落格？其他該做的事還堆積如山？

我懂。公司追求的就是「數字」。當我們被數字追趕時，就無法做其他的事情。因此 Cybozu 才放棄了成果至上主義，不過，或許大部分的公司都無法這麼做。

不過，就算是這樣，也請主管不要獨自背負「公司要求的課題」。請不要一個人面對它。課題只要公開，就已經朝向解決前進了。

當你背負著它，周遭的人就會看不見它。就像塞在冰箱深處慢慢腐爛的食材一樣。當你發覺時，問題可能已經惡化，甚至發出惡臭。因此，在發現問題時，就應該在它腐爛前早點公開。在部落格上或是群組軟體上公佈都可以。

公開之後，「當事人」就從你自己一個人和加上找你商量的下屬兩個人，增加到三個人、四個人。課題就必須放在照得到陽光的明亮場所。

當主管公開課題，對於團隊成員來說，也是一個得到團隊歸屬感的機會。「主管告訴我這件事」帶來的感受，就跟自己的存在獲得認同一樣。剛剛畢業的新鮮人，或是中途跳槽來到公司，又或是在公司裡調到別的部門的人，這些即將在新的團隊開始工作的同仁，是什麼樣的心情呢？

比起自信滿滿，他們的心情應該是感覺不到自己的存在位置，心想「我可以待在這裡嗎？」、「這裡有我的位置嗎？」甚至會漸漸疑心「主管或許對我沒有期待」、「我可能會扯大家的後腿」。

不過，只要主管能把課題公開，團隊成員就可以採取行動。如果有什麼是他做得到的事，他就能感覺自己「對團隊有所貢獻」。

在「馬斯洛需求層次理論」中，自我實現需求排在尊重需求的上方。也就是說，當尊重需求滿足之後，人才會開始產生主體性，開始思考自己想做什麼，想實現什麼，想如何對團隊發揮影響力。

主管也有提問責任，不可以說「我也不知道」

主管有說明責任，但是，當主管無法回答團隊成員的提問時，該怎麼辦？「用自己的推測回答」、「在自己所知道的範圍內回答」、「用不痛不癢的模糊答案帶過」、「告訴下屬：其實我也不知道高層的狀況，哈哈哈……」

以上全都不是正確答案，那個「哈哈哈……」就是高層跟現場產生隔閡的原因。

當部長在部門聚餐時說「社長真的不知道在想些什麼」，課長和年輕同仁們都會露出疑惑的表情。這一段眾人沉默的時間，到底是什麼意思呢？

主管對團隊成員有「說明責任」，但當主管自己有不知道的事情時，同樣也對上級有「提問責任」。

不知道的事情，就去問上司。

「用自己的推測回答」、「用不痛不癢的模糊答案帶過」當然是不可以的，而「在自己所知道的範圍內回答」或許是出自「不能給上級添麻煩，但是又想說服下屬，我一定要想想辦法」的責任感。

不過，這裡並不需要「把責任扛在自己身上」，你可以選擇「交給上級來解決」。如果你一個人不能做決策，那就拜託上司來做。

「決策」的意思並不是「什麼都自己決定」。「決定把這件事交給誰」也是一種很棒的決策。

不要把對上的期待值拉得太高

現在對主管來說，正是面對考驗的時期，也是過渡期。真的非常辛苦。或許讓團隊成員看看本書，也是一種方法。我想，他們讀了之後應該能感覺到主管真的很辛苦。

我想說的是，希望團隊成員「不要把對上的期待值拉得太高」。

「社長」和「部長」雖然擁有華麗的頭銜，但當然都是普通的人類。在許多決策中，或許多少有看起來強勢的時候，其實他們也是會因為一些小事而牽腸掛肚，還會私下偷偷吐苦水。

就像我一樣。這個世界上沒有哪一個人是完美的。沒有什麼證據可以證明「跟著這個人一定會一帆風順」。當然，為了讓一切順利，「高層」也會努力。

不過，公司是一個團隊。借用松下幸之助的說法，公司是「公器」。用「銷售額」這種方式保管客戶的金錢，再用這些錢做出更好的產品，提供給客戶。接著再保管客戶的金錢，做出更好的產品……以這種方式讓金錢產生循環。

因此，公司不是由一個人，而是由團隊來經營。即使有不完美的地方，也要彼此支持，一邊想著「真沒辦法」，一邊直率地互相指正，相互補強，讓團隊可以順利運轉。

Chapter 6／連公司都要消失的時代，人該如何工作

在矽谷也能貫徹「好做事至上主義」嗎

「閒聊」、「徹底公開資訊」、「說明責任與提問責任」。我們以這三個方法為中心，以光明正大的團隊為目標，成功將Cybozu的離職率降低到4%。

接著，我開始著手進行下一個任務，成立Cybozu的美國公司。

Cybozu曾在二〇〇一年一度進軍美國，隨後撤退。接著在二〇一四年七月再度從零開始建立美國團隊。我沒有任何當地的支援，一個人來到矽谷。這裡是資本主義與個人主義的社會。個人雖然自立，但是對公司沒有信任。美國人和我們在文化、習慣和價值觀上都有很大的差異。

我們也有一段時期模仿矽谷的作風，大聲喊出理想，嘗試以成果至上主義管理團隊。結果造成了高達28%的離職率，業績也屢次下滑，股價暴跌。不知是幸或不幸，因為遇到挫折，才有了現在的 Cybozu。

我們下一次的挑戰，就是在矽谷實現「好做事主義」，建立光明正大的團隊。

在日本讓離職率降到4％之後，在美國卻飆升到破記錄的57％！

不過，入境還是要先隨俗。我必須先把成立團隊視為第一要務，為了先在當地建立關係，首先我想徵求一些能夠以經營者觀點管理團隊的美國人。

當時，興銀時代的好友介紹給我的，就是現在擔任美國公司 CEO 的戴夫．蘭達（Dave Landa）。

我努力向戴夫說明 Cybozu 的企業理念，還有主力產品「Kintone」的特性與未來的可能性，幾天後，他告訴我「我想再跟你見面談談」。見到面之後，戴夫一開口就說「我想辭掉現在的工作，跳槽到 Cybozu」。

就這樣，第一位員工戴夫進了公司，我和他一起打拚，建立起了美國團隊。

雖然在日本已經上市，但在美國，Cybozu還是沒人聽過的公司。而且還是剛剛成立的子公司，說真的，沒有幾個人會對這樣的公司有興趣。

矽谷位於舊金山，這裡的地價跟物價就跟日本的泡沫經濟時期一樣連年飆升，受到地價與物價影響，薪資水準也是超級高。而且，矽谷有許多公司都以個人業績決定薪酬，每半年都要加薪10％以上是非常理所當然的調薪幅度。

在這種狀況下，別說讓員工留下來長期合作了，連想增加人手都沒有把握。不過，公司還是持續徵人，在當地擴編團隊。

公司成立過了三年後，出現了令人大吃一驚的數字。美國子公司二〇一七年的離職率高達57％。這個數字遠遠超過了我當年在日本造成的「28％離職率」，甚至達到兩倍以上。

我不禁苦笑：「不，應該不是這樣的吧⋯⋯」在美國，我不得不再次回想起自己過去的目標是「打造一間讓大家都想來工作的公司」。

我使用的方法跟在日本時一樣是「閒聊」。但是，美國的狀況比在日本時還要嚴重。

我不會銷售、不會開發，也不會行銷，甚至連英文都不好。簡直令人絕望。我拚命以修補漏洞，找了戴夫與所有員工一一談話，有時也和他們講述Cybozu的理想與目標。

在談話中，我見到的依然是一百個人有一百種生活方式、工作方式與想法。不一樣的是，美國人的自我主張很強烈。

在日本和大家「閒聊」時，即使我詢問「最近有沒有什麼狀況？」通常也只會得到「沒有什麼問題」、「沒什麼特別的」這種答案，沒有人願意說出真心話，讓我耗費了許多心力。然而，美國人不愧是美國人，立刻就明確回答：「我有這種課題要解決」、「你能不能解決這個問題？」

不僅如此，他們還會說「能不能再加薪？」、「工作太忙了，多徵一點人吧」，對公司有很高的要求。而且，只要感到不滿，立刻就會辭職。

另一方面，在美國，雇主可以因為公司狀況而立刻解僱員工。雖然聽起來很像都市傳說，但「午休去吃飯時上級決定解僱你，你再也回不到自己的座位」這種事是真的會發生。在這種狀況下，員工當然不相信公司，忠誠度也很低。在離職率57%的絕望級數字後方，有著這樣的背景。

不過，如果能在這樣的環境下實現我在日本建立的管理方式，就證明這套管理是真的經得起考驗。我激勵自己，繼續和員工「閒聊」，努力朝「一百個人有一百種工作方式」前進。

結果，有一些曾在Google、Salesforce等傑出企業工作的人，因為「喜歡Cybozu有彈性的工作方式與文化」而加入公司，形成口耳相傳，一個拉一個的風潮。對他們而言，身為一個社會人，在這間公司工作能累積什麼資歷，實現什麼目標，是很重要的。

對此，Cybozu宣揚的理念是「創造充分團隊合作的社會」，同時也告訴大家「如果你對這個目標有共鳴，請發揮你的個性幫助我們」。在Cybozu，員工擁有各自的理想，認同一百個人有一百個人的風格。尊重自立的團隊成員不同的個性，光明正大地展開討論。

結果，美國子公司的離職率下降到了10%。

千禧世代為何動不動就離職

說到底，人為什麼會辭職，理由在哪裡呢？

當我和大企業的高層討論工作方式的多元化時，他們常常會說：「那是因為你們是Cybozu才做得到。」

說這種不痛不癢的話，真的好嗎？現在，不僅千禧世代進入了職場，之後的Z世代也已經開始工作。這些年輕人只要感覺到「這間公司不適合我」，就會二話不說直接走人。

網路可以讓我們接觸到全世界的各種新聞，也就是說，千禧世代以後的年輕人身處「能夠自己選擇棲身之所的環境」。

這些人對公司的要求是什麼呢？

經濟競爭造成的社會問題、悽慘的社會案件與紛爭，看到這些慘狀，千禧世代從小就發現財富不等於幸福。他們想確保一定程度的經濟寬裕，同時也希望自己的人生是充實的。因此，千禧世代以後的年輕人想要自我實現，注重自己的幸福，也希望能讓周遭的人幸福，還要發揮社會影響力。

他們對公司的要求是「未來的可能性」。因此，現在還在用「昭和式管理」的公司，一定會漸漸乏人問津。

- 沒有能夠成長的真實感
- 被強迫做不想做、不擅長的工作
- 主管不想被說職權騷擾，總是保持著奇怪的距離感和下屬接觸
- 公司內還保留著欠缺效率的業務流程
- 宣稱要改革工作方式，卻還保留著業績目標

這種公司，千禧世代才不會想要「一直在這裡工作」。當我來到美國之後，

看清楚了一件事。公司這種組織現在正站在一個很大的分歧點上，身處無可避免的「資本主義升級」潮流中。

查看全世界的企業市值排行，會發現前十名中有八間公司是美國企業，查看前五十名，則會發現除了美國，還有搶佔榜單的中國，而日本只有 TOYOTA 留在四十多名。

這張榜單代表的是越來越大的貧富差距。

以 Google、Apple、Meta、Amazon 為首，部分 IT 企業與金融機構等員工與投資者獲得財富，同時卻有越來越多的貧困階層無法因此受惠，連每天的生活都陷入困難。

不僅是以製造業和農業為產業中心的美國中西部與南部有這種狀況，就連較為富裕的東岸與西岸，有些地區也有遊民和以車為家的貧民，過著極為潦倒的生活。這些都是我親眼所見。

美國的年輕人看到這樣的狀況，已經開始採取行動。有些人因為無法坐視，一邊在四巨頭工作一邊成立了 NPO 法人，熱心參加志工活動，把人生的資源挹注在貢獻社會。他們正在摸索新的資本主義應有的型態。

過去的資本主義，說白了就是「優先追求股東的利益，公司受到股東支配的社會」。公司要求員工完成每一季的短期目標，想進行長期投資就必須說服股東。

為了和這樣的資本主義對抗，現在「公司的民主化」正在萌芽。由市民取回公司的主導權，讓它成為「社會的公器」。也就是說，讓公司實現不僅是股東，還包括員工、顧客、交易對象，所有的利害關係人都能作為具有意志的「人類」健全生活的商業模式。

對於「消費者」來說，也不是將金錢花費在公司製造的享樂服務上，而是以「自行參加」的方式進行社會意義更高的投資，發揮自己的影響力。如此一來，工作、享樂，生活能以一種柔軟的方式串連在一起，這就是新時代年輕人想要的世界。

「公司」並沒有人格，不需要為了公司而工作

對於員工，有一句話我用關西腔說了無數次。

「這世界上沒有『公司』這個人。」

Cybozu 的社長青野也說：「公司根本是沒有實體的怪物。」（青野還寫了一本書名長到讓人記不住的書，叫《公司這種怪物或許會讓我們不幸》）

我們是不是都被「公司」牽著鼻子走了呢？我常常聽到員工說「我要為了公司努力」、「我要對公司有貢獻」、「我喜歡這個公司」，這時，我都會感覺到強烈的不協調感。

那就是「公司到底是什麼呢？」這個世界上並沒有「公司」這種人格。如果一定要說，事實上我們應該是為了上司、同事或後進而工作，再說得更具體一

點，是因為「對社長的夢想有共鳴」或「想在這個團隊裡工作」而工作。或是為了家人、為了自己，為了某個感到困擾的人，總之，我們都是為了「人」而工作。

我們沒有必要為了沒有實體的「公司」而工作。因此，我一直告訴大家「這世界上根本不會有你喜歡的公司」。

我自己在剛剛辭掉興銀的工作之後，也會說「我對興銀非常尊敬」、「我受了興銀很多照顧，很想回報這份恩情」。然而，過了一段時間之後，「魔法」慢慢解開了。我開始發現「我可以對上司、前輩和同事報恩，但到底該怎麼對銀行報恩？」、「而且合併之後已經沒有興銀了」。興銀是我當初滿懷憧憬進入的公司，而我也曾經「為了公司」努力，還想要報恩。但是後來，我已經完全不知道「興銀」到底是什麼了。

公司不是「團隊的最終型態」

前陣子，我和「天才滅絕的職場」、「轉職思考法」的作者北野唯我對談時，聽眾問了這個問題：「未來的公司還會有『歸屬』這種功能嗎？」

我回答：「我認為以後就沒有公司了。」

這是一個「無邊界化」的時代。現在，所有的資訊與技能，都不會由一間公司獨占，而是在個人與國家間穿梭。也就是說，未來將會「不知道資訊這種資產到底是屬於誰的」。

在這種情況下，有股東、有公司，再將公司加上法人這種人格，區分「這是我的，那是你的」，這樣的概念會越來越稀薄。

公司原本就是人為了生存、吃飯而組成的「團隊」。人類一開始是狩獵維生，因此產生了為了捕獲獵物而組成的集團。接著進入農耕生活，組成了「村莊」這種團隊，大量生產稻米。之後，人類又發明了貨幣，「公司」則是人類為了賺取貨幣組成的「團隊」。

然而，現在有許多專案都跨越了公司的藩籬，也有許多人從事複業。這樣的狀況，顯示公司這種團隊已經太過老舊。

公司持續營業，但現在已經是雇主強迫員工宣誓忠誠，強迫犧牲，或是一心只追求利益，就會立刻被人上網爆料的時代。也是勞動人口逐漸減少的時代。這樣的公司一定會被淘汰。

世上所有的公司遲早都必須走向光明正大的路。公司會漸漸民主化。

如果我們的理想是建立一個不只是股東，而是員工、客戶、往來廠商，所有人都能幸福生活的社會，那麼或許已經沒有必要拘泥於「公司」這個形式。說得極端一點，我認為「即使不再有公司也無所謂」。

人已經不會因為「支配」而採取行動。能夠驅使人採取行動的是「理想」，是「共鳴」。公司會漸漸不再是「束縛個人的組織」，而是「自立的個人組成的組織」。這與過去的組織完全是相反的系統。

反過來說，對於經營者而言，未來的公司不再像過去以「年功序列」制支配的組織一樣輕鬆了。

在年功序列制度下，不論你是很努力還是不努力，每年都會按照決定好的基準自動調薪。公司單方面宣告「我會給你這麼多錢，你要做這麼多工作」，把個人牢牢束縛住。而且，當時大家都接受這樣的制度。

過去，我之所以在 Cybozu 推動成果至上主義，就是來自對「年功序列制」的強烈反彈。但是實際嘗試之後才發現，「用金錢束縛人」其實非常費力。而且，讓人來評價別人，就是一件過頭的事。更別提還要「給人標價」了，實在是想來都覺得可怕。

即使設定了評價基準，那也還是人做的決定。不是每個人都能接受。就像「Cybozu Garoon」事業部的成員大聲抗議「只有 Office 事業部拿到獎金，太不公平了！」一樣。

既然如此，我們就別再用金錢當唯一的價值基準吧。因此，Cybozu 才成為接受「一百個人有一百種工作方式」的公司。

Cybozu員工的薪資是用「市場價格」決定

那麼，Cybozu 員工的薪資又是怎麼決定的呢？

答案是「市場價格」。

許多公司都會在人事考核時進行面談，核對個人目標與 KPI（關鍵績效指標），討論「你覺得自己完成了多少？」、「如果對這個數值不滿意，希望你說明」……光是想像，就讓雙方都感到胃痛。

公司的預算有限，不想到處灑錢。因此對員工會做出比較嚴格的評價。相反地，員工希望盡量拿到高一點的薪水，因此會積極強調自己的貢獻。而且這之間還會扯進別的因素，就是血淋淋的「人際關係」。

簡直太胡鬧了。

因此，Cybozu 決定把人事考核和業務的回饋分開。回饋的目的是讓員工更能發揮自己的能力。

我們運用「市場價格」來幫助決定個人薪資的基準。決定薪資的流程如下。

首先，員工告訴我們他想拿多少薪水。

針對這個金額，公司先以「如果這個員工跳槽到其他公司，會拿多少薪資」的觀點算出該員工的市場價值，也就是「公司外價值」。接著再考量該員工在團隊的貢獻度，也就是「公司內價值」。

此外，有些員工從事複業，因此不是所有的心力都放在Cybozu。這些員工會計算自己花了多少時間心力在Cybozu，並算出比例。如此一來，就會知道「我的市場價值是月薪五十萬日圓，但我只有50％的心力用在Cybozu，因此希望公司給我二十五萬日圓」。拿到多少薪水也是每個人都不一樣，一百個人就有一百種結果。

即使還不到「開心」，至少也要「不討厭」

討論範圍越來越大了，先把焦點切回「主管」。

在這樣的時代，主管的角色將來會如何改變呢？這幾年，在Cybozu的新進人員典禮上，我都會說一句話：「謝謝各位來到Cybozu。我的角色就是讓各位能夠盡快辭職。」

或許會有人覺得我這麼說真是太過分了，畢竟我們好不容易才讓離職率下降到4％。不過，這是我真實的心情。

「能夠盡快辭職」的意思是，希望新人得到足夠的能力，可以成為在任何一間公司都能活躍的優秀社會人。

如何讓這樣的人才願意覺得「我還是想要留在Cybozu工作」，則是我們經營團隊的職責，也是必須與其他公司一決勝負的地方。我們要做的，就是在營火的中心舉起「理想的火把」。

那麼，主管的職責是什麼？是打造讓自己的隊伍、團隊成員好做事的環境。也就是做到本書所講述的三件事。

- 藉由「閒聊」了解一百個人的一百種工作方式與生活方式
- 徹底公開資訊，採取最輕量的溝通
- 貫徹說明責任與提問責任，為團隊創造光明正大的環境

主管沒有必要提升下屬的士氣，也沒有必要鼓舞下屬，讓他們的工作「更快樂」。但是，主管必須一個一個找出並解決讓下屬不想工作的原因，至少也要稍微讓他們覺得「去公司並不是件討厭的事」。

從每個團隊的「治外法權」開始

直到現在，主管依然處於令人痛苦的立場。

相信即使你讀了這本書，想要改變公司、改變組織、改變工作方式，也會因為「沒有改變公司的權限」而撞到高牆。正因如此，本書才盡量講述了每個團隊以「治外法權」的方式能做到的事。

Cybozu 定義的「工作方法改革必要三條件」，是「制度」、「工具」與「環境」。

其中，「工具」與「環境」可以在團隊內部改變就好。

想要在團隊內做到徹底公開資訊，有許多免費的通訊軟體或群組軟體可以利用。至於說明責任與提問責任，只要身為主管的你和團隊成員下定決心就能做到。

而制度是可以根據成果與現狀改變的。首先，就試著從你的團隊開始改變。「治外法權」聽起來就令人興奮，不是嗎？

正因為我無法成為教科書描述的模範主管

一本管理書籍，書中都會有許多知識。其中也包括了完美的主管形象。不過，我做不到。因此，我乾脆把這些教科書都丟掉，這就是一切的開始。我相信，接受「一百個人有一百種工作方式」，才能讓團隊合作發揮到極致。

團隊合作會如何改變這個世界呢？團隊合作到底是什麼？

這個世界上有各種團隊合作。有些團隊合作以上下分層的方式進行，有些團隊合作使用多數決的方式協調，也有些團隊合作具有家庭般的溫馨氣氛。

在這之中，Cybozu 所提倡的團隊合作是「對理想有共鳴的成員聚集起來，自立，尊重彼此的多元個性，相互幫助，光明正大地以實現理想為目標」。

擁有權力的人，不該為了自己的利益而驅使團隊，也不該為了競爭利益而用薪資誘使員工工作。當然也不該是部分的勝利組獨占好處，多數失敗組只能憂愁嘆氣。

我們的目標不是用金錢串連的公司，而是用理想串連彼此。我希望能推動公司的民主化。管理的大眾化，才剛剛進入序章。我希望全世界的「團隊」都能擁有我們提倡的團隊合作，以每個人都能實現「一百個人有一百種」的幸福世界為目標。

後記／不攻擊中年人，也不批評年輕人

最近，我在許多研討會都進行了以「新時代管理」為主題的演講。參加研討會的三十歲世代、二十歲世代等未來將承擔大任的年輕人，聽了我的演講，雙眼都閃閃發光，認為我替他們說出了平常在公司，尤其是在昭和世代主管面前無法說出的話。他們還說，等到我的書出版，就要買兩本，一本送給主管。

另一方面，跟我同年代或是更年長的經營管理階層，聽演講時都是一臉複雜的表情，聽完之後說：「原來現在是這樣的時代。」

昭和世代的人已經感覺到自己和年輕世代的代溝，事實上，他們平常就因為這件事而倍感煩惱。我覺得他們只是不知道哪些事情改變了，又是為什麼改變，自己該怎麼辦而已。畢竟，不同世代並不是真正地斷絕。

我也是在偶然之間得到了機會，得以在昭和時代的代表性大企業，以及年輕人眾多的IT新創企業這兩種公司工作。或許就是因為我有這樣的經驗，才能夠填補世代之間的代溝。

如果能夠稍微為填補代溝盡到棉薄之力，我會感到無上的喜悅。過去我給很多人添了麻煩，也受了許多照顧，這也是我對這些人的回報。

最後，本書從企劃起步到出版花了約兩年的時間，如果作者不是我，應該能更早一點出版。

我想，是這個專案、這本書中提到的團隊合作完成了這本書。雖然作者名字還是山田理，但我本人只是其中的一部分。

感謝竹村長時間訪談，寫稿，建立原稿這塊地基。大矢在原稿上加入新的感性，代我寫出我自己寫不出的文章。還有協助最後潤飾的 Writes 出版社大塚。

感謝參與對談的「ONE CAREER」北野、「wazawaza」平田、「Yahoo」伊藤、「ONEJAPAN」濱松、「伊勢丹三越」神谷，以及「佰食屋」中村給了我新的發現，讓我得到本書的參考資料。

還要感謝 Cybozu 式出版的團隊成員堅忍不拔地陪著我，幫我做專案管理。Cybozu 的明石與小原多方面領導團隊，包括活動企劃和在推特該怎麼發言。也謝謝新人阿團把我的推特個人自介改得很棒，還有以上三位的主管大槻，他身為昭和世代主管，企劃了這本書，在我灰心喪氣時總是會鼓勵我。

多虧了各位，我得到了非常美好的經驗。真的非常感謝。

本書正是一本以「輕量化管理」完成的書籍。希望能有更多的人讀到這本書，讓我們更接近充滿團隊合作的社會。謝謝各位讀到最後。

高寶書版集團
gobooks.com.tw

RI 385
未來團隊最需要的輕量化管理
最軽量のマネジメント
作　　者　山田理
譯　　者　劉　淳
責任編輯　吳珮旻
封面設計　黃馨儀
內頁排版　賴姵均
企　　劃　鍾惠鈞
版　　權　劉昱昕

發 行 人　朱凱蕾
出　　版　英屬維京群島商高寶國際有限公司台灣分公司
　　　　　Global Group Holdings, Ltd.
地　　址　台北市內湖區洲子街 88 號 3 樓
網　　址　gobooks.com.tw
電　　話　（02）27992788
電　　郵　readers@gobooks.com.tw（讀者服務部）
傳　　真　出版部（02）27990909　行銷部（02）27993088
郵政劃撥　19394552
戶　　名　英屬維京群島商高寶國際有限公司台灣分公司
發　　行　英屬維京群島商高寶國際有限公司台灣分公司
法律顧問　永然聯合法律事務所
初版日期　2024 年 04 月

國家圖書館出版品預行編目（CIP）資料

未來團隊最需要的輕量化管理 / 山田理著；劉淳譯 . --
初版 . -- 臺北市：英屬維京群島商高寶國際有限公司臺
灣分公司, 2024.04
面；　公分 .--

譯自：最軽量のマネジメント

ISBN 978-986-506-967-4（平裝）

1.CST: 組織管理 2.CST: 企業管理 3.CST: 中階管理者

494.2　　113004079